U0173338

来！聆听大自然的呼唤

宋大昭　黄巧雯　主编

上海科技教育出版社

图书在版编目(CIP)数据

来！聆听大自然的呼唤/宋大昭，黄巧雯主编.—上海：上海科技教育出版社，2020.12

（荒野的呼唤）

ISBN 978-7-5428-7395-8

Ⅰ.①来… Ⅱ.①宋… ②黄… Ⅲ.①野生动物-普及读物 Ⅳ.①Q95-49

中国版本图书馆CIP数据核字（2020）第228804号

序　言

荒野的呼唤与人性的回归

认识“猫盟”(CFCA)的小伙伴们许多年了，不仅欣赏他们对野生动物的观察和发现——在科学上弥补了很多信息的空缺，也很享受他们微信公众号的文字所呈现出来的多姿多彩的野外生活和对自然保护的体验与感想。“猫盟”中的很多人来自其他收入更高的行业，从城市到荒野，他们用行动和文字，展现了荒野的魅力，特别是吸引了众多热爱自然、对生活有着另类想象的年轻人。

随着工业和科技的发展，人类获得了更加便捷的现代化生活，而对自己居住的星球——地球，也在产生与日俱增的影响。物种灭绝、生态系统退化、气候暖化、污染加剧……这一系列变化，有的永远不可逆转。

在被称为“人类世”的当下，人与自然应该如何相处？地球这个所有生命的家园，将有着什么样的命运？答案，其实在人类自己的手中。

原本2020年在昆明召开的《生物多样性公约》第15次缔约方大会(COP15)就是要讨论是否可能以及如何在2030年扭转生物多样性下降的趋势。“人与自然和谐共处”，是公约196个签署国的共同愿景，也是人类可持续发展的基础。而在现实世界中，人们的物质生活越来越富裕，但说到保护自然，大多数人仍然觉得与自己的日常生活相去甚远。事实上，我们的吃、穿、住、行、玩，无一不与自然相关，野生动物和生态系统目前面临的危机，关乎人类的生存和发展——不是未来，而是现在。据世界经济论坛《2020年全球风险报告》估计，2019年全球的GDP有一半以上依赖自然，因此，对自然的威胁，就是经济的风险。问题在于，施害者与受害者往往不是同一个人，这考验着人性——关怀整个人类和其他生命的“公心”是否最终能够获胜。归根结底，我们需要战胜的是自己。

荒野，是人类保留给地球和其他生命最后的空间，保护荒野需要更多的守护者，“猫盟”正是其中一员。而荒野也寄托着热爱自然的人们心中美好的梦想。“带豹回家”——让华北豹重现北京，是“猫盟”最令人兴奋的想象。随着政府、企业、全社会环保意识的逐步提高，梦想成为现实也有了可能。

正是怀着这样的理想，有了这套“荒野的呼唤”丛书。它凝结了“猫盟”和伙伴们长期野外工作的心血，展现了人与自然、人与野生动物相处的另一种可能性。丛书精选了亲历者们所讲述的近80个异彩纷呈的野生动物保护故事，配以大量精美的野外摄影图片，将中国的荒野现状、野生动物的真实生存状况、野保专家及志愿者们为野生动物保护所做出的努力以及遇到的困难一一呈现……

这套书带领读者去聆听大自然的呼唤，寻访动物们的足迹，倡导所有人用实际行动保护野生动物，守护它们的家园。这里有我们耳熟能详的大熊猫、金丝猴、豹、穿山甲等濒危动物的保护故事，也有与绿孔雀、白冠长尾雉、熊狸等诸多中国特有濒危物种相关的动人篇章。地球的自然环境正在发生怎样的变化，自然界的动植物需要怎样的生境，人与自然如何唇齿相依，人们怎样保护生态环境、拯救濒危物种，如何兼顾野生动物保护与当地百姓的需求……生动鲜活的故事中穿插着一些引人深思的议题，这或许是唤醒人们生态意识的良方。

希望更多读者在阅读书中的故事之后能有所触动，更加关注、支持并参与自然保护的实践。愿所有生命都能有尊严地栖居于地球之上。

吕植

2020年11月

目 录

华北山地的呼唤，这一次由我们讲给你听

黄巧雯

“猫盟”的全称是中国猫科动物保护联盟，我们的使命是把荒野中的猫科动物保护好，让大家走上爱猫且科学保护猫的“不归路”。下面这张手绘图中的12种猫科动物都生活在中国的荒野，也是我们重点关注的对象。

很多关注“猫盟”的朋友都知道，“猫盟”标志上画的动物是华北豹，因为我们在山西省和顺县做了10年的工作，跟太行山打了10年交道，我们有一个宏大的愿景，希望华北豹能沿着太行山不断扩散，重新点亮这片古老的山脉。

从2017年开始，“猫盟”发起了一个“修复荒野，带豹回家”的项目，在执行的时候，我们发现，相比起修复荒野，修复人心似乎更重要。只有大家认识并喜欢我们城市中的荒野，关注身边的野生动物，豹的回归才会水到渠成。毕竟，保护野生动物就是要守住它们与我们共存的家，而它们的生活质量其实也在影响着我们城市的面貌，

作者介绍

黄巧雯

网名“巧巧”，“猫盟”CEO，“和顺糊嘟”代言人。2016年作为志愿者与“猫盟”一起进山，因缘巧合开始担任“猫盟”CEO一职至今。工作狂人，为了“猫盟”发展与华北豹保护事业鞠躬尽瘁。

修复荒野，带豹回家。

关系到我们生活的北京城是否变得更宜居。那么，现在的北京城情况如何呢？先看下面这只小刺猬，它叫灯灯。当时我们正在放归它，它就是一个小白眼狼，走的时候并没有回头看我们一眼，“噔噔噔噔”地就跑掉了。

2017年春节，我们的秘书长拖家带口去崇礼滑雪，看到被农民抓住的小刺猬，当时它眼睛流脓，精神也不好，特别小。秘书长把它抱回来，救助了3个月，终于治好了病。在秘书长的精心照顾下，它也没有被养成听见喂食信号就跑过来的小家奴，哪怕它住在办公室的3个月里，我们也没怎么见过它。

小刺猬灯灯的野放现场。

但是救助这个事卡在了我们都没想到的一个环节:给它找个家。

我们先是去了通州森林运河公园,去的时候大吃一惊,那么大的面积,竟然找不出足够大的一片树林,让刺猬有遮盖,有草籽儿和果实吃。

于是,我们又到了东六环外潮白河边,那里曾经有一大片荒地,有草有籽儿,可是去了之后发现那片荒地两旁盖起了板房,中间的路也被拓宽了,它要怎么活动呢?会不会很容易被路杀?于是我们又放弃了。

虽说我们有两个同事住的小区里都有刺猬,但是考虑到外来者的尊严,以及我们依然希望它能有一片更好的荒野家园,最后我们把它送到了次渠的一个观鸟自留地。这里花多草高,有低草、灌木、油松林,刚刚好。离开的时候,我们看见了正往此间开来的施工车辆,城市里生物多样性丰富的荒野还在经历着开发的热潮,这片地方还能保留多久?

所以,小如刺猬,它们对家也不是没有要求的。哪里更适合它,一目了然。

我们放生灯灯的地方,曾经也是北京长耳鸮一个繁殖种群的越冬地。它们在这里怎么生活呢?黄昏后出动捕食、社交,晨雾破晓后回到密林中睡觉休息。

每种猫头鹰都有自己喜欢的生境,如果说纵纹腹小鸮是村里的,雕鸮是山里的,那长耳鸮无疑就是城里的,它和人的关系可以很近,城市、城郊、农田、墓地常有它们的身影。

在北京,长耳鸮总体是冬候鸟。除了郊区,它们还会出现在天坛和国子监这种古老的城市公园。这可能是因为冬天阔叶乔木落叶之后,为免喜鹊的驱赶骚扰,长耳鸮便只能选择像松、柏这类的针叶树木隐蔽自

长耳鸮。

已。而针叶树生长缓慢，所以拥有高龄针叶树的古老公园便成为它们的栖息地。

但从10年前开始，长耳鸮的数量每年都在减少，栖息范围也在不断缩小。究其原因，城市在扩大，被水泥覆盖的土地失去了那些供长耳鸮栖身的大树，城市中千篇一律的绿化带里也容不下足够多的老鼠和鸟类，而人类文娱活动范围的扩大也加速了长耳鸮的离开。

我们怀念长耳鸮曾经的家，它可以是颜色暗沉、枝丫很密的油松林，也可以是看透沧桑的安静的古树。但是那曾经的盛景好像已经变成我们遥远的乡愁了。

在我们可见的城市角落，鸟和兽都在退散。而在稍远一些地方的北京荒野里，我们断断续续花了10年去探索，除了豹之外，其他野生动物都还在，但是数量却远远低于有豹的山谷。

由太行山、燕山组成的生态屏障护佑着我们的政治文化中心，南边的豹，北边的猞猁和狼，镇守着上亿人的生态利益，但华北山地的魅力和重要性却少有人知。

北京作为华北豹亚种的模式产地，近十年来却豹踪难觅。离北京最近的一次拍摄记录还是发生在2012年11月的小五台山。

作为猫科动物保护联盟，我们太知道有豹和没豹的山差距有多大。需要华北豹回到北京的其实不只是“猫盟”，还有我们的子孙后代。它是来自华北山地的呼唤，只是这一次，由我们讲给你听。

中国大猫：来时风雨，前路能晴否？

宋大昭

大型猫科动物，狭义地说就是豹属的几个物种：狮、虎、豹、雪豹、美洲豹。而big cats只是个不那么严格的统称，因此像猎豹、美洲狮、猞猁之流有时候也混了进来。那么大猫究竟有多少种呢？

现在公认的猫科分类认为世界上有37种野生猫科动物：

·**欧亚大陆**：虎、雪豹、云豹、巽他云豹、亚洲金猫、婆罗洲金猫、欧亚猞猁、西班牙猞猁、丛林猫、荒漠猫、豹猫、平头猫、云猫、锈斑豹猫、兔狲、渔猫。

·**非洲**：非洲金猫、薮猫、黑足猫。

·**旧大陆兼有**：狮、豹、猎豹、狞猫、沙猫、野猫。

·**美洲**：美洲豹、美洲狮、加拿大猞猁、短尾猫、虎猫、长尾虎猫、小斑虎猫、乔氏猫、南美林猫、草原猫、安第斯猫、细腰猫。

是不是看花眼了？没关系，很少有人能把它们都记住。贴心如我，用红色标出了真正意义上的“吼叫大猫”——豹属、能发出咆哮吼叫的那5种，而笼统点按体型说的话，那些绿色字体的也能算，剩下的就是小猫家族了。

最近的一部纪录片《大猫》(*Big Cats*)，则很任性地把锈斑豹猫和黑足猫这些地球上最小的猫也算进去了。你不知道世界上有多少种猫不要紧，但一定要

作者介绍

宋大昭

以“大猫”闻名于动物保护圈，“猫盟”创始人之一，现任“猫盟”理事长。2013年开始作为志愿者到山西进行华北豹调查。后来为了专门保护华北豹，离开大热的互联网行业，成立“猫盟”，投身猫科动物保护行业。

虎。

知道：中国有12种野生猫科动物，占全世界猫科物种的1/3，是猫科物种最多的国家之一！

虎

在中国的猫科动物里再没什么比老虎更让人耳熟能详的了。不过很不幸，老虎可能是中国数量最少的野生猫科动物。

中国的野生虎，现在调查确凿的只有活跃在东北中俄、中朝边境地带的东北虎，公开的数字是27只，当然这里面有哪些是定居在中国的真正的“东北虎”还有待揭秘。

中国曾经是世界上老虎亚种最多、分布最广泛的一个国家。从北到南，从林海雪原到热带雨林，中国曾经有东北虎、华南虎、印支虎、孟加拉虎4个亚种的老虎，除了青藏高原、高寒荒漠地带、沙漠、海南岛和台湾岛等岛屿外，老虎几乎遍布中国。

现在可以说什么都没了。华南虎的野外种群没了，“猫盟”曾经去传说有华南虎的宜黄找过，结果别说老虎，连豹猫都没拍到一只。野生印支虎也希望渺茫，自从21世纪初北京师范大学的冯利民博士在西双版纳拍到一只印支虎之后，唯一可靠的印支虎的消息就是那只老虎被打死吃掉

豹。

了。不幸的是数年过去了,再也没有一只野生印支虎出现在任何一台红外相机里。

不过孟加拉虎可能还有。江湖上人称“墨脱痴汉”、网名“光阴几何”、白颊猕猴的发现者李成,一直痴迷于寻找老虎,而他确实找到了孟加拉虎存在于墨脱的证据——孟加拉虎足迹。尽管目前尚无法确定当地的孟加拉虎是定居的,抑或路过的。但可以肯定的是,如果我们不好好保护藏东南的原始森林,我们必将永远失去中国的孟加拉虎。

对中国虎来说,好消息是中国政府正在大力推动虎豹保护,这是最令人鼓舞和振奋的。

豹

豹这个物种总是让我心潮澎湃!因为豹几乎就是“猫盟”的一切。

中国是拥有豹的亚种最多的国家:东北豹、华北豹、印支豹、印度豹。其分布格局也和老虎类似,略微不同的是豹从来没有扩散到新疆的山脉,但出现在青藏高原海拔超过4000米的森林里。

豹的境况与老虎类似:在它们曾经的家园——华东、华南地区,豹基本惨遭灭门,销声匿迹。但作为地球上分布最广泛的野生猫科动物,豹的生存适应能力绝对不一般。

在东北,东北豹顽强地生活在针阔混交林里(公布的数字为48只),看上去比当地的老虎要更有扩大的希望。

雪豹。

在华北，华北豹零散但连续地分布于太行山、吕梁山、子午岭、六盘山一直到秦岭，而且我们的M2大王已经超过了10岁，只要我们对它们稍加关照，它们就能够顽强地生活在我们周边的荒野里。

云南西双版纳，我们于2016年在此成功拍到一只雄性印支豹，这让我们对云南的印支豹种群燃起了希望：有其一，必有其二嘛。

而从四川西部甘孜州直到青海南部玉树州、西藏东部昌都地区的辽阔山地森林里，还活动着另一个充满希望的豹种群：虽然我们现在尚不能判断其亚种，但它们很有可能也属于印支豹。

印度豹则生活在西藏南部，喜马拉雅山南麓的日喀则地区，虽然它们处于分布的边缘地带，但相对安全。

豹对人类的容忍度其实很高，它们要求不多，只要我们对山林稍微温和一点，不要总想着砍树吃野味，豹就能继续生存下去。

雪豹

西部的高山和高原地广人稀、交通不便，加上特殊的宗教信仰，使这里的雪豹成为中国数量最多、种群和栖息地最完整的大型猫科动物。

雪豹的处境实际上向我们传递着一个信息：如果连环境这么恶劣的高原上都能有这些大猫悠然生存，那么过去中国的大好河山曾经有过多少虎豹呢？

不过雪豹并非可以高枕无忧，虎豹昨天面临的问题并不代表雪豹明天不会遇到。值得警惕的是:尽管雪豹不是中国独有的物种,但中国的雪豹数量居世界之最,一旦中国的雪豹种群遭到破坏,这个物种必将深受重创。

除了这三种正宗“大猫”之外,还有一种猫不得不提。

云豹

云豹绝对是令人迷醉的一种猫:奇幻的斑纹、奇特的长相、剑齿虎般的长牙……云豹虽然不是豹属成员(自成云豹属),但在血缘上却与豹属大猫相近;它非常古老,早在虎、豹、雪豹出现之前,云豹就开始在地球上漫步。

现在云豹被分为两种:印支云豹(亚洲大陆云豹)和巽他云豹(加里曼丹岛),中国的云豹属于印支云豹。

中国云豹的悲剧在于:它极不被重视,而且数量极少。

2010年世界自然保护联盟(IUCN)猫科专家组出版了一本中国猫科动物专辑(2013年出版了中文版),在里面将云豹的分布范围估计为仅次于雪豹(基本持平),远高于虎和豹。但近年来全国各地的野外调查表明云豹的实际情况并非如此乐观,现实情况是:除了边境地带,中国内地的云豹几乎已经消失,近10年来没有一个可靠的云豹野外记录!

历史上云豹广泛分布于长江以南的地区,安徽、江西、湖北、湖南、浙江、福建、广东、广西、云南、贵州、四川、海南、西藏等省区都是其分布区。借着一些野外调查的机会,“猫盟”近年来在一些地方拍到了云豹:西藏墨脱、云南德宏和西双版纳,以及中老边境地带的老挝境内。

然而比拍到云豹更值得关注的是:在除了西藏和云南外的其他省份,无论是我们还是其他野外调查团队都没有拍到云豹!这非常可怕,因为这很可能说明内地的云豹种群已经步华南虎的后尘而消失了。

我曾经很困惑：云豹体形比虎、豹小得多，对栖息地面积和猎物的要求也相应低很多，为何它也会如此迅速而彻底地消失呢？

一方面可能是云豹对栖息地要求高，显著的树栖特性使得云豹成为一种完全的森林型物种，对森林的破坏会对云豹造成明显的影响。但最大的问题应该还是来自盗猎。仔细看一下上面列出的云豹历史分布省区，就会发现：除西藏外，绝大多数省区过去广泛分布的华南虎（印支虎）和印支豹，都已经被捕杀光了！

这就是云豹的悲哀之处：当豹的脚步探及相对淳朴的华北山地和相当有信仰的高原藏区并借此保存实力，当老虎尚能在北方森林里苟延残喘，当雪豹选择远离人类在高原笑傲江湖时，分布于人类最密集地区、最勤劳而又不“善良”的华东华南的云豹则无可挽回地走向衰亡。

中国曾经可是云豹最大的分布区。保护云豹，刻不容缓。

以上都是在中国可以见到的大猫，它们是如此之美，并且位于食物链顶端。它们的存在意味着生态系统的完整、环境的美好，而这就是保护最重要的原因。

云豹。

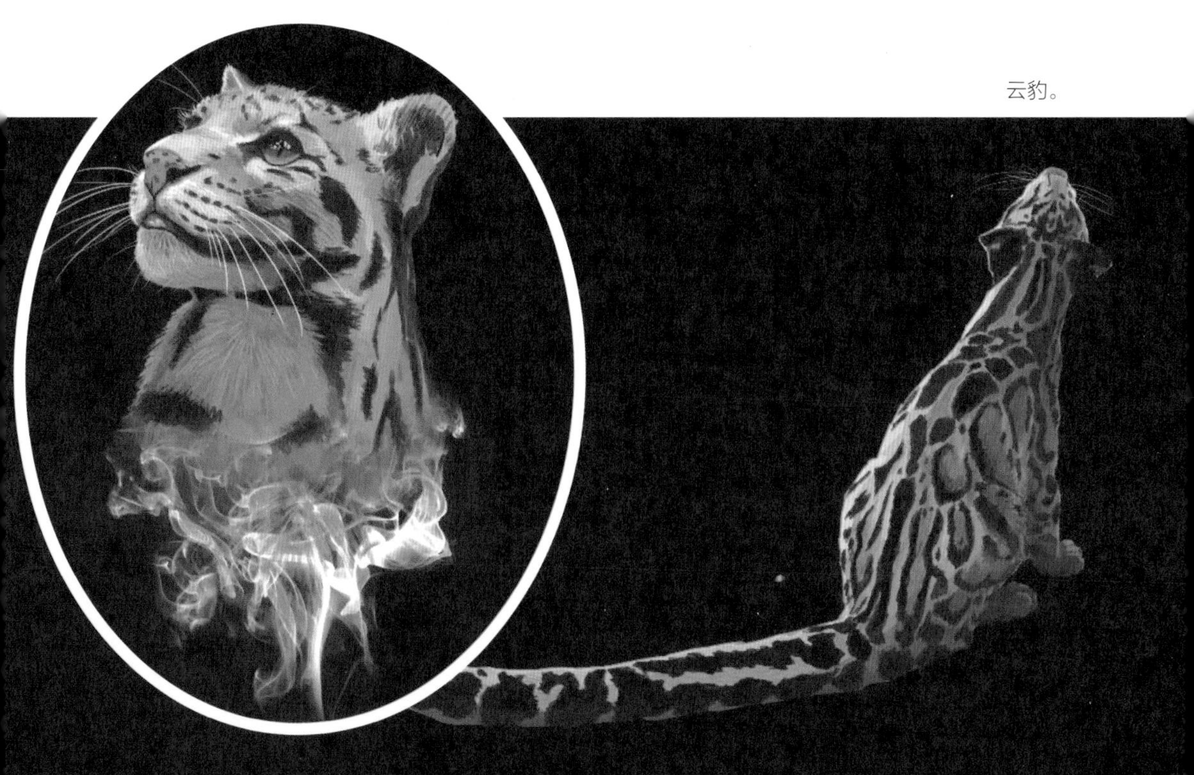

曾经广布中国的豹，如今散落在哪里？

宋大昭

近年来随着野外监测技术的普及，越来越多的豹出现在公众视线中。于是，不时能听到一个声音：豹子多啦！

真的吗？作为一个专注豹保护多年的组织，我们的观点是：不是豹子多了，而是以前没发现而已。

那中国的豹分布是什么格局呢？

一个物种的保护必须在了解充分的基础上展开。今天中国的一些明星保护物种如大熊猫、朱鹮、东北虎等，它们的野外种群已经得出了较完整的调查结论。而豹作为一种森林生态系统的大型旗舰物种，其在中国的分布、种群数量至今却依然是个谜。

豹曾经在中国广泛分布，除新疆、台湾、海南等少数地区外，几乎有山林的地方就有豹，中国也是世界上豹亚种数量最多的国家——全球9个豹亚种，中国就有其中4个。

然而，过去普遍认为数量众多的豹，现实情况可能早已大相径庭。但是，鉴于重视程度、调查难度等客观原因，豹的野外调查一直较为缺乏。豹的栖息地普遍距离人类社区较近，因此受到人类活动的影响较大。在华东、华南、云南等一些传统分布地，豹的实际情况早已和传统认知相去甚远，而人们对青藏高原地区的豹种群则缺乏了解。

随着野外监测技术的提高和国家对野生动物保护的重视，如今豹在中国的现状已经逐渐明朗起来。在未来的几年里，中国豹的种群分布和数量将被越来越清晰地揭示出来。然而认识豹这个物种依然存在相当大的难度，因此持续的野外监测必须坚持。

华北豹

今天如果对传统认知上的华北豹分布做一个总结，那么可得到两个明确的主要分布区：以大太行山脉为主的华北分布区和以秦岭–子午岭–六盘山为主的西北分布区。

·华北分布区

在山西、河北、河南等省，华北豹生活在以太行山、太岳山、中条山等为代表的大太行山脉，和陕西接壤的吕梁山脉也是重要的华北豹分布区。截至目前，南至河南焦作、济源等地，北到河北蔚县，西到吕梁，东到和顺（或河北邢台）都发现了豹。

华北地区人口密集，人为干扰的程度各有不同，因此无法根据“适宜栖息地”来估算豹的分布，想知道真实情况，唯有像梳头一样把所有潜在的栖息地都梳理一遍。比如2012年，我们在河北小五台山拍到了一次豹，但这只豹的身份至今还是谜：它是游荡个体，还是定居个体？它的出现能代表当地的一个种群吗？某次某地的拍摄，除了“有过”，其他的推论都是无源之水。

·西北分布区

2014年1月，延安传出了两只豹在子午岭被猎杀的消息。同年6月，还是在子午岭，监控探头也拍到了豹的踪迹。

豹在陕西的情况看上去不错，早在2010年，北京大学的李晟博士就在长青保护区用红外相机拍到了豹，最近两三年里，长青、佛坪、天华山、观音山、牛背梁等保护区也都先后拍到了豹。得益于秦岭山脉中的保护区群，这里形成了一个面积广阔的豹栖息地，对豹种群的繁衍至关重要。

2015年1月，在宁夏六盘山，一只豹与一辆车的相遇被拍了下来。六盘山南端连接着秦岭的最西端，20世纪90年代，甘肃省也曾在秦岭西段的天水地区发现了豹的猎捕记录。

“猫盟”在山西监测并识别的16只华北豹。

从子午岭到秦岭再到六盘山，形成了一个U字形的西北地区豹分布地图。

华北分布区与西北分布区相连互通。北边，山西的吕梁山脉挺进陕西，与陕北高原相接；南边，中条山脉与河南的伏牛山脉相连，最终向西直至秦岭，华北豹则一路沿山脉而栖，连续分布，没有异议。

东北豹

东北豹如今主要分布在吉林省中俄、中朝边境地带的小片区域里，目前在相对靠南的辽宁省尚未发现豹的分布。虽然我们知道华北豹历史上曾沿着燕山山脉一路北上，但它们是否能够越过开阔平坦的辽河平原进入辽西山地并继续与北边的东北豹相遇？在未来，这依然是非常有趣的问题。

高原豹

除了上述华北、西北两个分布区外，青藏高原东南部的豹以前也被归类为华北豹。但这种认定却颇为草率，直至今天，监测数据仍未能证明其与华北、华中地区的豹连续分布。

该区域的豹研究非常欠缺，但这些高原豹却是中国境内现存的重要豹种群。2013年，四川省林业厅组织的动物调查首次在甘孜州新龙县拍摄到了豹的野外影像，此后数年内，四川甘孜州的新龙县、石渠县、康定县、雅江县都拍到了豹，与甘孜相邻的西藏昌都地区的洛隆县和青海玉树州也有所斩获。除此之外，问卷调查以及痕迹调查表明在甘孜州的白玉县、炉霍县等地都有豹的分布。

自2015年起，“猫盟”与新龙县林业局共同进行了为期2年的猫科动物野外调查，调查结果非常令人振奋：大约3000平方千米的地域内，我们按照海拔梯度安装了约200台红外相机，共拍摄到7种猫科动物：金钱

新龙的高原豹。

豹、雪豹、亚洲金猫、欧亚猞猁、豹猫、荒漠猫、兔狲,这使得该地区成为国内目前已知猫科物种最丰富的地区,其中豹的出现率最高。

有趣的是,高原地带的豹分布区域非常广泛,它们能从海拔2800米的阔叶林带一直活动到4500米的高山区域,这使得它们在当地的适宜生境面积相当可观。

鉴于藏区至今仍保存着完好的森林及猎物种群(仅在新龙县就拍摄记录到11种有蹄动物,其中能够成为豹的猎物的至少有8—10种,比如水鹿、马鹿、毛冠鹿、斑羚、鬣羚、白唇鹿、野猪、林麝、马麝、岩羊等),这个豹的分布区域占地面积相当大,在连续的广阔森林中,尽管其种群规模尚无科学的数据,但总体而言仍然较为乐观。

印支豹

2016年9月23日,"猫盟"和西双版纳保护区在中老边境地带共同安装的一台红外相机拍摄到一只雄性印支豹。此前不久,保护区的另一台相机也"码住"了一只豹,这距离冯利民博士在西双版纳拍到金钱豹已经约10年了。

在云南,除了西双版纳,南滚河和白马雪山两个国家级自然保护区也曾有人拍摄到印支豹。但极低的拍摄率导致目前根本无法估算中国境内印支豹种群的分布和现状。

不容乐观的是,2017年6月底,在与山水自然保护中心共同前往老挝提供野外调查培训时,我们发现,即便是野生动物数量明显占优的老挝也极少有印支豹的信息,这就使得中国印支豹的保护前景更加扑朔迷离。

印支豹。

印度豹

印度豹主要分布于西藏南部的喜马拉雅山脉，相关信息极缺。目前只知道日喀则地区的吉隆县有摄影师拍摄到两只幼豹，除此之外就没什么靠谱的信息了。在喜马拉雅山的南坡，豹子们享受着印度洋暖流滋养的富饶森林，而中国大多位于喜马拉雅山北坡，这种地方属于不怕冷、爱高山的雪豹，适合豹子生活的地方并不多。这就使得搞清楚它们的现状尤为重要。

不管亚种怎么分，保护还得坚持干

就外观形态而言，无论是东北豹、华北豹、印支豹，还是青藏高原的豹长相都十分接近。

总体来说，东北豹、华北豹和高原豹都是大斑点、粗尾巴、长毛，而印支豹的特点在于尾巴要细一点，毛也更短一点。但这可能仅仅是季节的差异引起的，因为我们在夏季拍到的华北豹和

印度豹。

高原豹毛也不长，总之仅凭形态来区别这几个地区的豹非常困难。相对而言高原上的豹要好辨认一些：它们的体色更加艳丽，身上会有较高的概率出现巨大的、里面有实心小黑点的斑纹，和美洲豹有点像。

就保护而言，中国的豹正面临一些比其他明星物种更严重的问题：它们分布广泛，准确评估其种群规模并在相关地区针对性地提出保护方案是一件极其困难的事情。更糟糕的是，在中国，豹的保护无论在重视程度还是资源配比上均远远低于另外两种大型猫科动物：虎和雪豹。

除了东北豹沾了东北虎的光进入了虎豹国家公园的保护范畴内，其余地方的豹均面临保护不够的困境。而比起其他一些物种，豹作为大型食肉动物在栖息地方面的需求尤其高，其保护形势十分严峻：大量的豹目前正活动于现有保护区之外，栖息地难以得到有效的法律保障。在中国目前尚没有一个单独以豹为主要保护对象的保护区或国家公园等有效的保护地。

胡焕庸线从黑河延伸至腾冲，这条神奇的分界线不只区隔了中国东西部的人口、气候、文化和环境，同时也将豹和雪豹分隔开。在胡线以西，雪豹进入人迹罕至的高山地带存活至今，而在胡线以东，与中国超过90%人口相伴的豹则日渐式微。

然而，豹实际上也代表着中国绝大多数人口的环境利益，作为生态系统的顶级物种，豹的消亡也意味着人类生存环境的恶化。

在保护的路上会有很多小曲折，但那些漫步于太行山森林里的豹子根本不会在意，它们只在意森林和狍子是否能像今天这样维持下去，甚或变得像昨天那样美好。

该做的保护，还得继续做下去。

它们挺过640多万年，成了中国最濒危的大猫

宋大昭

在中国南方的森林里，曾经广泛生活着一种美丽的猫科动物——云豹。它因身上独特的大块云彩状斑纹而得名，它的身世也正如它的名字一般，至今依然神秘而不为人知。

对大多数人而言，云豹的形象是模糊的、陌生的，即便是在动物园里，也极少能看到云豹的身影。如果说虎、豹留给人们许多回忆和故事，雪豹在高原上流传着种种传说，那么云豹则如同潜藏在阴影里的幽灵。极少有人在野外见过云豹，即使是经验丰富的猎人，也很难完整描述云豹的样子。

云豹的基本信息：

学名：*Neofelis nebulosa*

头体长：70—108cm

尾长：55—91.5cm

体重：16—32kg

中国重点保护野生动物名录：I级

IUCN红色名录：易危（2008）VU

云豹不应该成为我们的回忆。

当我第一次从红外相机拍摄的影像中看到云豹的身影时，那些安装相机时举目皆是的高大树木、树干上的苔藓、寄生的蕨类与石斛、树枝上奔跑的松鼠以及雨林里赤麂满含生机的吠叫声，顿时在脑海里活了起来。

虽然对于云豹的现状我依然知之甚少，但云豹的故事却有必要讲一讲了。

树上大猫，来自远古

早在640多万年前，云豹就出现在这个星球上了。它是现生豹亚科（狮、虎、金钱豹、美洲豹、雪豹、云豹）动物中最早分化出来的物种，在它身上依稀能看到些远古的遗迹。云豹的犬齿长度可达4厘米，其与头骨的比例在猫科动物中是最大的，让人不由想起消失的剑齿虎。其实云豹是一种小型的豹，体形与中型猫科动物亚洲金猫差不多。

云豹分布在亚洲东部和南部的热带、亚热带丛林，从尼泊尔境内的喜马拉雅山脉东部和南部低山地带，经不丹、印度，直至缅甸、中国南部、越南、老挝、泰国、马来半岛和柬埔寨。

云豹得名于身上那些与众不同的云状斑纹：黑色镶边，中心浅色，与周围灰色区域显著区分开。在猫科动物里只有云猫拥有类似的斑纹，有趣的是云猫的分布区域与云豹的接近，它们也擅长在树上活动。

身体结构的特点使云豹非常善于爬树——较轻的体重适合在树枝上停留，短粗、强有力的四肢以及宽大的脚掌提供了强大的攀爬支撑，几乎和身体一样长的尾巴可以在树上保持平衡。在马来西亚，云豹在当地土话里的意思是“树枝上的虎”。云豹甚至可以头朝下地从树干慢慢往下爬，这在大型猫科里绝无仅有。它还能够像树懒一般倒挂在树枝上移动，或者用后腿抓紧树干，用尾巴缠绕树枝，悬挂在树上。很显然，在树上捕捉松鼠、鼯鼠或猴子是云豹非常擅长的活动。

最新的遗传和外形特征研究将云豹分为两个不同的种：原来生活在亚洲大陆和台湾、海南等岛屿上的云豹为“大陆云豹”，而生活在加里曼丹岛和苏门答腊岛的云豹被独立命名为“巽他云豹”或“婆罗洲云豹”。本文主要针对大陆云豹展开，并依旧俗将其简称为“云豹”。

中国云豹的历史与现实

中国民间通常把云豹叫作龟壳豹、荷叶豹、小草豹等。大陆云豹在中国一度分布广泛，从西藏东南部、四川中部、西部和南部直至秦岭以南等区域都有记录。一般认为中国拥有大陆云豹的全部三个亚种：*N. n. nebulosa*（分布于中国东部和南部大部分地区），*N. n. macrosceloides*（分布于中国西藏东南地区），*N. n. brachyura*（分布于中国台湾岛，已被宣布灭绝）。国外的博物馆曾经在中国采集过标本：福建南部，美国自然历史博物馆，43104号标本；湖北，柏林动物博物馆，56135号标本；海南，美国国家博物馆，239907号标本。

如今可确认的分布最靠北的云豹产自湖北利川，有趣的是这个20世纪80年代的记录在当时被认为是最后的华南虎，多年后有好事者追溯照片才发现它其实是一只云豹。

传统的中国云豹分布区，贵州、江西、福建、湖南、湖北、安徽、云南等省均为云豹主产地。讽刺的是这个结论多来自毛皮收购记录：20世纪50—60年代，贵州每年可收到云豹皮100—200张，直至20世纪90年代后仍能收到云豹皮100张左右；江西、福建、湖北、湖南在20世纪60年代至

70年代每年云豹的捕获量均在百余只；同期四川、浙江、广东等省每年可收购云豹皮数十张。

如今华南、华东诸省已有10年再无云豹的可靠记录。伴随着栖息地的消失，中国内地的云豹受到食物短缺、非法盗猎、毒药二次伤害等多种伤害，逐渐从人们的视野中淡出了。如今安徽黄山一带的森林里是否还有云豹在顽强地生存？在贵州、江西、湖南、湖北诸省的森林里，情况又怎样呢？我们不得而知。

视线转向台湾。2013年，台湾宣布历经13年调查，依然没有找到台湾云豹，因此宣布了该亚种的灭绝。与台湾情况类似的是海南，除了一些过往的皮张记录，海南云豹已有近20年未见踪影，它们离灭绝还有多远？

海岛物种无法得到大陆种群的接济，种群非常脆弱，作为食物链顶端的大型猫科更是如此。台湾云豹的灭绝使人非常担心：中国大陆的云豹情况会比较好吗？

皖南野生动物救助中心的云豹。

发现中国云豹

早在2005 年，北京师范大学和云南南滚河国家级自然保护区联合开展了野外调查，这次调查中冯利民博士利用红外相机拍摄到中国首张野生云豹的照片。此后不久，他在西双版纳国家级自然保护区安装的红外相机再次拍到了云豹，这消息极其令人振奋——至少在云南边境的森林里，云豹还在！

2014年年底，“猫盟”受邀和西藏影像保护组织（TBIC）一起前往藏东南的墨脱和察隅进行生物多样性调查，明子和冯利民随队前往。考察队在墨脱县的季雨林里安装了数十台红外相机，几个月后回收的数据让所

中国野生云豹。

有人兴奋不已：大量野生动物被记录到，狼、豺、黑熊、水獭、大灵猫、金猫、云猫……还有云豹！

这并不是墨脱首次记录到野生云豹。2013年，北京林业大学郭玉民教授的团队在墨脱进行调查时，就通过红外相机首次在墨脱拍摄到了云豹和云猫这两种罕见的猫科动物；此后不久，影像生物多样性调查所(IBE)邀请生态爱好者李成共同前往墨脱进行生物多样性调查，李成安装的红外相机也成功拍摄到了云豹。

2015年底，"猫盟"参加了由山水自然保护中心主导的澜沧江项目。该项目旨在通过一系列的调查和保护行动来推进澜沧江流域的生物多样性本地化保护工作。对云南情况非常熟悉的冯利民博士主导设计了"猫盟"的工作区域：西双版纳易武州级保护区。

该区域位于中国—老挝边境，过去较少受到关注，但却是联通中老两国和西双版纳国家级保护区两个子保护区的重要廊道。我们和西双版纳保护区科研所、易武保护区的同行们组建了一个考察队进行走访、调查。最后，尽管许多红外相机惨遭丢失，剩余的4台依然拍到了大量野生动物：金钱豹、云豹、金猫、大灵猫、小爪水獭、豺、黑熊、小麂鹿、圆鼻巨蜥……不一而足。

与此同时，北京林业大学时坤教授的团队也传来消息，同样在西双版纳保护区，云豹也多次被拍到。

根据缅甸公布的生物多样性信息，我们对德宏寄予厚望。德宏地处云南西部，在云豹分布的版图上是一座承上启下的桥梁，非常重要。

在铜壁关保护区的鼎力支持下，调查工作顺利展开，明子和鹳总前往调查，几十台红外相机被一一安放。仅两个月，传回的数据就让我们欢呼雀跃：我们多次拍到了云豹的野外活动影像！

在德宏州，生物多样性十分惊人，除云豹外，云猫、金猫、大灵猫、小爪水獭、白眉长臂猿等多个珍稀物种纷纷现身，此前中国从未有野外影像记录的灰腹角雉也第一次走进了人们的视野。2017年7月，嘉道理中国保育组织的同行传来好消息：从未在中国有过野外活体记录的马来熊被他们拍到了，同时拍到的还有云豹！

至此，中国云豹现存栖息地的脉络逐渐清晰起来：从云南南部到西藏东南部，目前已经有4个确定的云豹分布点：西双版纳州（西双版纳国家级自然保护区和易武州级保护区）、临沧市沧源县（南滚河国家级自然保护区）、德宏州（铜壁关省级自然保护区、高黎贡山国家级自然保护区）、西藏墨脱县（雅鲁藏布大峡谷国家级自然保护区）。这4个分布点构成了中国西南边境一片相对连续的云豹分布区域，该区域内所有满足云豹生存条件的低海拔常绿森林地带均可期待云豹的分布。

德宏的雨林中，还有云豹栖息。这条大尾巴我们也就看了800遍吧。

光靠运气无法发现云豹

现在要来说说发现云豹的背后的故事。

在明子前往墨脱之前我们就明确知道那里有云豹，然而彼时我们对寻找云豹没有任何实际经验。明子完全靠直觉和对金钱豹的了解来安装相机。事实证明这些森林里的猫其实习性都差不多：在明子安装的相机前，云豹、金猫、云猫、豹猫依次经过。

当你爬过足够多的山，并且在山间细细观察的话，就会总结出一些难以描述的规律：山里总有那么一些地方是动物们喜欢来的，而这些地方里面，又会有一些是猫特别爱去的。这种地方通常有一些地理环境上的共性，但其实我们更多的是靠直觉来判断是否会有猫经过这里。

当然这种直觉里很理性的一点就是要去寻找林相最好的区域。虽然有些猫对于环境不那么挑剔，比如豹、豹猫，但一片山林里树木长得最好、地势最理想的地方一定会有它们的踪影，这也是生态系统顶级物种所代表的意义。因此，当我在西双版纳易武保护区的森林里穿林跋涉时，一直在期待这种直觉出现。

但在一开始的行进中我什么感觉都没有：林子不错，但不是我希望的那种环境。最后我们决定沿着山坡往上爬。从地图上看，靠近山脊的地方森林非常理想，我想去那里碰碰运气。然而一开始的攀爬简直糟糕透了，次生林里的茅草灌木丛密得惊人，这些带刺的藤蔓和枝叶疯狂地拉扯着我们，企图阻止我们往上爬，这几乎让我丧失了继续前进的意愿：这么密的植被，没有一只爱干净的猫会喜欢在里面活动。

然而当我们到达侧面山脊时，情况就开始变得不一样起来。那些烦人的灌木丛忽然消失了，参天大树在这个高度开始出现，高大的树冠遮挡住阳光，下层的植被因此而凋零，这正是一片发育成熟的雨林该有的样子。我们站在这里暂作休息，一边喝水一边抬头欣赏着高大的树冠和寄生在树枝上的各种石斛与蕨类。一条明显的小径沿山脊而上，我们很快就发现在小径上有不少动物活动过的痕迹。“这地方不错！”我心里想。

但这还不够，这种感觉还不足以让我在这里安装红外相机。找到动物最有可能经过的地点，这是我们的基本原则。于是我拉着保护区的李平沿着兽径继续往上爬。终于，在一片宽阔的林子里我们停下脚步，这里的山坡很平缓，高大的树木均匀地矗立在我们周围；林下很开阔，一些阳光透过树冠层照进来，滋养着下层的一些草本植物。我们发现了不少赤麂活动的痕迹，鸡粪也看到了一些，甚至还有一只黑熊在此留下了一大堆粪便。那种“就是这里了”的感觉现在非常强烈，我抬头看着那些大树，心想如果我是一只云豹，或者一只灵猫，我会很喜欢这里。

几个月后，保护区的岩罕超很开心地给我打电话：“拍到小草豹了！”我一下子兴奋起来，让他赶紧把数据都传给我。

这个地方很热闹，赤麂三天两头光临，小灵猫、黄喉貂也是常客，当然更少不了赤腹松鼠这种本地居民。云豹经过了两次，遗憾的是由于一根大树枝从树上掉下来，正好拦在相机前，因此云豹并没有像期待中的那样从相机前经过，而是从远一点的地方绕过去了。但这并不重要，重要的是我终于找到它了。

在随后德宏的调查中，明子和黑鹳的相机拍到了更多次的云豹，鹳总很得意地说：“看看，这个点，我装的！”

国内首次记录到灰腹角雉的野外影像。

这个机位确实值得吹嘘，云豹、金猫、豺、云猫、豹猫……当地的食肉动物明星全都来这里秀了一把。

在对"猫盟"拍摄的14次云豹记录进行了初步的个体识别后，我发现至少有5只不同的云豹个体。它们的活动集中在每天5:00—9:30和16:30—23:30这两个时间段，只有一次在14:30被拍摄到（西双版纳易武），相对而言云豹更喜欢在光线比较昏暗的时候活动。这样的活动规律与东南亚的云豹研究基本相符。

虽然通过红外相机我们并不能知道中国的云豹都吃些什么，但从拍摄到的其他动物我们大致可以推测云豹的捕猎倾向：所有拍摄到云豹的地方都拍到了大量赤麂和雉类，如红原鸡、白鹇、黑鹇、红腹角雉等。此外，几种大型松鼠（如赤腹松鼠）、帚尾豪猪、豪猪、果子狸、野猪的数量也相当可观。在铜壁关保护区，体形壮硕的霜背大鼯鼠也经常出现在红外相机前。这些动物或许构成了云豹的主菜单。我猜测对中国的云豹而言，中小型有蹄类和雉类、大型啮齿类都是支撑它们生存的重要猎物类型，在寻找云豹时这些猎物或许是重要的参考依据。

红原鸡（上）和白鹇（下），云豹的食物。

云豹眷恋着由这样年纪的树组成的原始森林，然而这样的森林所剩无几。

与森林同在——中国云豹的未来

事实上拍到云豹并没有让我感到安心，相反，极低的拍摄率让人觉得即便是边境的云豹也已经危在旦夕。而中国内地的云豹依然沉默，没有任何一个保护区传出拍到云豹的消息。

我曾经困惑于此：为何中国云豹陷入如老虎一般的窘境？云豹在其生态系统里并非最高级物种，经过多年的调查，我发现比云豹生态层级更高的金钱豹如今的境况反而比云豹稍好，与云豹生态位接近的金猫、猞猁、豺等物种也比云豹更容易找到。

我想，归根结底还是在于云豹对环境的依赖性导致其在中国的三种豹里成为最敏感脆弱的一种。无论在西双版纳、德宏还是墨脱，云豹都出现在当地林相最好的森林里。它们一如既往地眷恋着大树森林；它们不像雪豹那样远离人类选择雪域高山优雅独居，也不像金钱豹那样南北通吃乃至登上高原，用强大的适应性换取生存空间。于是云豹成了中国东部和南部原生常绿森林的殉葬者，人们在毫无怜惜地消耗森林的同时，中国内地的云豹也慢慢走向灭绝。

幸好它们还在。虽然现在云豹对我们而言依然陌生，但它们的存在本身就已经给予我们莫大的信心，去了解还来得及，去保护也依然不晚。云豹已经在这个星球上生活了640万年。我想它拥有足够的智慧来面对环境的变迁，而决定云豹在这个地球上还能存在多久的因素现在在于人类的智慧——我们是否具备足够的睿智来保护我们和它们共有的森林，还是继续愚蠢地摧毁它们？

我和金猫打了15年交道，现在打算来说说

李晟

四川，岷山。

15年前，跟随保护区的野外工作人员，我第一次爬上这刀砍斧劈般的陡峭山脊。脚下，是宽不过两尺的狭窄“刀背梁”；两侧，是望之头晕、近乎笔直削落的陡崖；眼前，则是层峦起伏青黛含翠的群山与森林。

攀上一块巨石，极目远眺，内心的冲击是我这个自小在平原长大的毛头小子所从未体验过的。突然，一个想法浮现心间：是否也会有一只猛兽，时不时从这里经过，如我一般，驻足于此，俯瞰山林？

或许，大家会觉得，此处如果配上一只威武的老虎，或者深沉的豹子，会更应此情此景。但今天，虎豹的身影已从岷山和我国其他大部分地区的山林中消逝，而我们要说的，却是另一种绝少出现在公众视野中的神秘猫科动物——金猫！

或许是为了追随舔食矿物盐分的小鹿，这只精神抖擞的金猫来到了我们为野生有蹄类动物设置的人工盐井，在红外相机前，留下了这堪称标准照的肖像。

作者介绍

李晟

世界自然保护联盟猫科单位、鹿类动物、豺评估专家组成员，北京大学生命科学学院研究员，野生动物生态与保护实验室独立研究员。一个比大熊猫还要可爱的科学家，专注于大型兽类、鸟类及其栖息地的野外生态学和保护生物学研究。

亚洲金猫

野生猫科动物素以高冷、酷俊的形象引得世人关注。虽然人们的注意力往往更多地集中在虎、豹、雪豹这些大猫身上，但在猫科动物这个大家族里，更多的成员是那些中小体形的猫。

在中国，共记录有12种猫科动物。从分类上来说，虎、豹、雪豹、云豹这4种为大猫，属于豹亚科，其余8种则全部为小猫，归于猫亚科。与虎、豹、雪豹这些头顶光环的大型旗舰物种相比，小猫们往往默默无闻，少受关注。但若论起濒危珍稀，或是好看程度，许多小猫当仁不让，神秘的金猫就是其中之一。

金猫也被称为亚洲金猫，是一种生活在森林栖息地的中等体形的猫科动物。没有豹猫的纤细苗条，没有虎豹的威猛雄壮，往往显得有点呆头呆脑。相对身体来说，金猫的脑袋大而圆、脖子短而粗。冬季当它们身披厚实的冬毛时，更是如此。

据资料记载，金猫体重9—16千克，身体全长1.1—1.6米。这是什么概念？我们拿两张照片来对比一下：

红外相机在同一地点拍到的金猫（上）和毛冠鹿（下）。后者也是我国的特有物种。

有了这两张照片来作对比，是不是可以直观地感受到金猫的体型与大小呢？虽然叫作“猫”，但金猫可不是你家那乖乖怯怯的小猫咪可以比拟的——那健壮、结实的身体中，满满地蕴藏着作为顶级猎手的力量！

猫科里的变色龙

猫科动物中，金猫素以体色多变而著称。在民间，金猫就因其体表毛色与斑纹变化多端而获得红椿豹、芝麻豹、乌云豹、狸花豹等诸多称谓。简单来说，金猫的毛色可以分为体表没有斑纹的普通色型，以及体表密布斑纹的花斑色型（俗称“花金猫”）。此外，还有偶见的黑化个体（黑色型）。

在金猫的普通色型与花斑色型之间，并没有绝对的“分界线”，而是存在不同程度的渐变过渡色型。

2015年我在云南开会时，曾跟中科院动物所的汪松老先生聊起这个话题。汪先生说，20世纪50年代时，他们曾调查了华南某地库存的数百张金猫皮张（当时金猫被作为一种毛皮兽广泛捕猎，由国家统一收购皮张），发现这些皮张上的斑纹可以按从深到浅再到无排列起来，中间没有明显的分界，而是呈现渐变过渡的状态。金猫毛色和斑纹的形成原因，目前还缺乏研究，据推测可能由动物本身的遗传因素所控制。

黑色型金猫。

花斑色型金猫（花金猫）。

同一条山梁，同一个位点，两只不同色型的金猫个体先后在红外相机前止步。

我们近年来的调查结果显示，在不同地区的金猫种群中，不同色型个体的比例存在很大的差别。

在秦岭南坡的金猫种群中，就没有发现明显的花斑色型，全是均一的普通色型；而在岷山北部的金猫种群中，普通色型和花斑色型的个体共存，且数量相当。监测表明，在岷山的同一条山梁上，会出现两种色型的金猫个体你来我往，好不热闹。与其表亲豹猫主要在夜间活动的习性不同，金猫有大量的时间是在白天活动。

寻找中国金猫

同其他大部分猫科动物一样，金猫是独居动物，在野外单独活动。但由于其密度低、数量少、活动隐秘、研究匮乏，我们迄今对国内分布的金猫习性和生态的了解还十分有限。

由于长久以来少受关注，金猫也是迄今为止我们了解最少的猫科动物之一。历史上，金猫曾广泛分布在我国华南和西南地区的山林中，但由于长期以来森林栖息地的丧失和人类的捕猎，我国金猫的种群经历了持续的严重下降，现存的分布区较以往严重收缩，并呈现高度破碎化的状态。

近年来，虽然我国西南部多地有金猫活动的报道（几乎全是红外相机调查的记录），但我们仅在秦岭、岷山、甘孜、藏东南等少数几个地区可以判断出有较为稳定和一定种群规模的金猫分布。

在野外，红外相机是目前探测、记录金猫的最有效手段。2003年，我们在四川省唐家河自然保护区使用红外相机第一次拍摄到了野生金猫的照片。此后，随着调查范围的扩大和数据的积累，我们在一点一滴地收集着金猫的信息。每一张新的照片、每一段新的视频，都会给我们带来莫大的喜悦和对金猫更多一点的了解。

在这10多年间，我们对金猫的调查和研究，主要集中在秦岭-岷山-邛崃山-川西高原一线的中国西南山地，也就是大横断山及其外围区域。通过红外相机、分子生物学等技术手段，展现在我们面前的不仅仅是一个热闹非凡、生机勃勃的金猫种群，更是一个健康蓬勃、精彩纷呈的

潮湿泥土地面上的金猫脚印。

新鲜的金猫粪。

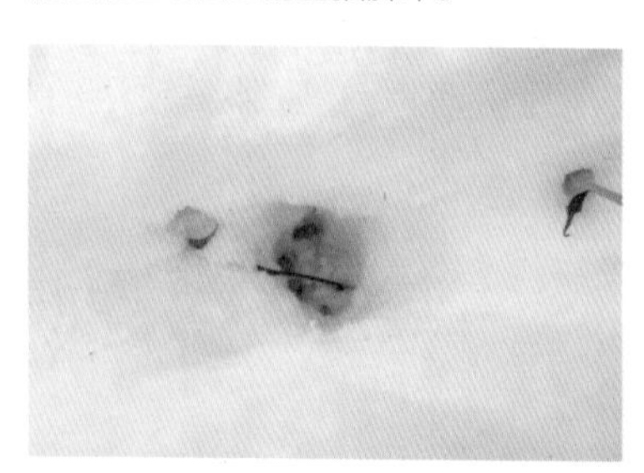

雪地中的金猫脚印。

陈旧的金猫粪。

森林生态系统。

野生金猫活动极为隐秘，野外目击记录极少。我们可以在野外见到其活动留下的足迹、粪便等痕迹。但是，这些痕迹与同域分布的豹猫等其他食肉动物的痕迹常常较难区分。

与其他大中型猫科动物一样，金猫喜欢沿比较开阔的兽径活动（通常为山脊或沟谷），而这样的兽径也是很多同域分布的大型兽类包括人类所喜好的路径，是密林之中来往繁忙的“高速公路”。毕竟，谁不喜欢走“好走”的路呢？

金猫爱吃啥？

在整个岷山地区，由于历史原因，虎、豹、豺这些原有的大型食肉动物如今都已踪影全无，金猫就成了这个山地森林生态系统中体形最大的食肉动物之一。而这种大型顶级食肉动物的缺失，在我国华中、华南、华

一只打猎归来的金猫从山梁上走过，口里叼着战利品：一只雄性红腹角雉。

东的森林生态系统中，也是普遍存在的。

在这里，金猫捕食小麂、毛冠鹿等小型偶蹄类食草动物，红腹角雉、血雉等雉类，以及社鼠等啮齿类。

作为位居食物链顶端的捕食者，金猫承担起了控制这些动物种群不致过剩的责任。而这些区域内丰富的生物多样性和食物资源也成为持续供养这个稳定的金猫种群的基础。

为了深入了解野生金猫的习性、生态及其与其他食肉动物之间的相互作用，近年来，我们引入最新的分子生物学技术，通过金猫粪便内残留的DNA信息来追溯其食物的组成。

我们意外地发现，除了中小型的猎物之外，体形较大的野猪、羚牛等大型偶蹄类动物也偶尔会出现在金猫的食谱之中。以金猫的体形，它们不会对成年的野猪或羚牛构成威胁；但对于这些动物的幼崽来说，金猫则是致命的杀手。我们不得不感叹，大自然犹如上帝之手，精准地调控着生态系统内各个物种与环境之间的动态平衡与相互作用。

站在山巅俯瞰四川北部岷山的地形与森林，在这里，深邃的高山峡谷和复杂崎岖的地形阻挡了人类破坏的脚步，而茂密的森林植被则为众多的野生动物提供了优良的栖息地。

国内已知最大的野生金猫种群

岷山是大熊猫的自然栖息地。得益于政府、社会对大熊猫保护的关注和持续投入，区域性的自然保护区网络使得各保护区内的森林栖息地连成一片，也为同域分布的金猫等野生动物提供了面积更为广大的活动空间，可以有效降低野生动物区域性绝灭的概率。

事实上，岷山北部老河沟保护区内的金猫与唐家河、白水江的金猫为同一个种群，也是目前国内已知的最大的野生金猫种群。这些动物不为无形的保护区边界所限制，日日夜夜，自由地穿行于这片广阔的山林。

行走山梁的金猫母子。走在前面的金猫妈妈首先警惕地在红外相机前停了下来（上图），仔细观察、确定没有危险之后，再带着金猫宝宝慢慢从红外相机前面走过（下图）。

相比于中国其他很多地方的山林以及栖息其中的野生动物所遭受的人类摧残，这片区域是幸运的：在东部，有大熊猫这个保护旗舰物种和生态伞护物种的庇护；在西部，有藏区传统文化的保护。

我们需要感谢的不仅仅是造物主的神奇，更应该是那些扎根于此、奉献于此的林业工人、护林员、巡护员数十年的坚守，和众多保护组织、科研院所、行政部门的通力协作，以及当地居民与社区世世代代的守护。正是所有这些共同的努力，才使得中国西南这片山山水水，为野生动物提供了繁衍生息的基础与庇护，成为金猫自由自在的徜徉之地。

它们是世界上最美的小猫！没有之一！

绿绿

在西南边境，云豹和云猫就像一对兄弟，它们喜欢同样的生境，拥有相似的适应力，有云豹的地方就能拍到云猫。但和云豹不同的是，云猫在中国只是狭域分布。

它们散落在中国西南边境的丛林里，身上拥有云豹一样的大块深色云状斑纹。丛林里幽密的环境是它们最好的保护色，身手矫健常以大树为依靠的它们常逃过地面的红外相机的捕捉。因此，在全球范围内，它们的影像记录少之又少。但我们在西南边境曾多次幸运地捕捉到云猫美妙的身影，从此未曾忘怀。

大兄弟，我来了。

它们是世界上最漂亮的小猫

虽然花纹相似，但云豹和云猫从体形上看就相差甚远，一看就知道一个是大猫，一个是小猫。它们的血缘关系也差得挺远，一个是豹支系里的云豹属，另一个是纹猫支系里的云猫属。

细看云猫的花纹，它们前额的斑点在颈部融合成狭窄的纵向条纹，在背部则融合成不规则的条纹。

作者介绍

绿绿

“猫盟”月捐群群主，华北豹金蛋蛋守护者0917号。喜欢绿色，想变成仓鼠。

云猫大小类似家猫，厚实蓬松的毛发使它们看上去体形稍大，皮毛随生境不同，也存在着深灰棕色、黄灰色再到红棕色等多种色型。它们还有黑色型个体，唯一一笔红外相机记录发生在2001年苏门答腊的国家公园。

它正直视你的灵魂。

依赖森林

云猫在树上如鱼得水。

云猫广泛地分布在喜马拉雅山脉以南的狭长热带地区。它们从印度北部沿喜马拉雅山麓向西进入尼泊尔，向东进入中国西南地区，并一路扩散至苏门答腊岛和加里曼丹岛。

云猫仅生活在森林生境，它们主要生活在潮湿的常绿阔叶林中，喜马拉雅山脉海拔3000米以下未受人为干扰的针叶林、阔叶林和热带雨林里都有它们的身影。

但2016年，不丹的吉格梅·多吉国家公园在海拔3488—3810米的阔叶混交针叶林记录到一只云猫，刷新了它们分布的最高海拔。

云猫和云豹一样，也是猫科中挑剔生境的处女座。在遭受严重人为干扰的地区，从未发现过它的踪迹。但在受干扰的次生林和砍伐林中，还可见少量个体。

适应树栖

云猫也为生境进化出了十八般技能和多种花色。

云猫的头骨小而圆，脸宽而短，全身比例看起来不大协调——十二头身身材，你想想看……但在生存面前，超纲的比例算什么。

这样的头骨结构和扁平宽阔的鼻翼使得它们视线开阔；与琥珀色的大眼睛、垂直的椭圆形大瞳孔一结合，云猫便具有了弱光条件下也能聚光的能力和伸缩视觉。得益于此，在幽密的丛林弱光下，它们目光如炬。

闪闪亮亮的大眼睛。

它们的爪也比一般小猫要大，脚掌的宽度两倍于长度。指间带蹼，爪子可灵活伸缩，非常适合攀爬树干。

而它最最吸睛的长尾巴，比起雪豹也毫不逊色。它们的尾巴可长达35—55厘米，约为身体长度的3/4以上，甚至可超过体长。更令人惊叹的是，行走时，长尾也会一直平行于地面，或高高翘起，不会拖沓于地。这是洁癖吗？不，这是实力。

长尾帮它们解锁了攀缘时的超强平衡技能。如果说雪豹的尾巴能让它在陡峭的岩壁上强力追击岩羊，那云猫的长尾也能让它在树上如鱼得水。与云豹那黑得整整齐齐的尾巴不同，云猫尾尖近端有黑点，远端有环。

云猫的长尾高高翘起。

唯一与“萌”无关的身体特征是，它们齿列巨大，特别是犬齿，类似于大猫，能更好地撕扯猎物。

喜欢爬树的它们吃啥？

云猫为啥不好好在地面行走，非得上树？

区别于同生境内的竞争者的差异进化，使得云猫形成了一套“树冠层”食谱。它们依赖于森林的树冠层为之提供的鸟类和树栖的小型哺乳动物，包括松鼠、树鼩、小型灵长类动物、老鼠和果蝠等。当然，其他猎物如蜥蜴、青蛙和昆虫也是不错的美味佳肴。据科学家在马来西亚丹浓谷的观察，夜间云豹常在地面活动，而云猫常在树上活动，专门捕食夜间钻出树洞活动的鼯鼠。它们会定期造访活动范围内的所有鼯鼠洞，因为合适的洞穴来之不易，空出来的鼯鼠洞会迅速被新的鼯鼠占据，如是反复。在他们的观察记录里，一只云猫曾连续几个月每天前往不同的鼯鼠洞，还会在黄昏时分出手。有学者认为，被砍伐的森林中云猫的数量远少于原始森林，这很可能就是因为鼯鼠洞锐减，导致猎物数量下降所致。

回想起位于西双版纳的云猫的生境，我们恍然大悟：难怪那里的树上有那么多鼯鼠、巨松鼠等，估计它们就是云猫钟爱的口粮。

在泰国，还有人目击云猫捕猎，它也能如云豹一般，以头部向下的姿势飞速下树。

更喜欢夜行？

云猫会让夜间的树栖动物闻风丧胆，但它们只喜欢夜行吗？

2000年5月，一只雌性云猫被困在泰国某个野生动物保护区常绿混交林的一条小路上。人们救助之后给它戴上无线电项圈再放生，追踪了一个月——这是人类有史以来第一次给云猫戴项圈。记录显示，它的活动区域位于海拔1000—1200米，范围为5.3平方千米，夜间和黄昏时段较为活跃。

然而，印度东北部的调查数据显示，云猫在白天较为活跃，中午时分更是活动高峰；在世界野生动物基金会（WWF）监测的缅甸雨林里，81%的云猫影像摄于白昼。

事实上，使用红外相机进行调查存在一定的监测误差，例如，在印尼的巴厘巴板，云猫较豹猫常见，但后者被红外相机拍到的次数明显更多。因此，我们需要采用多种不同的方式进行观察，相互验证，才能得出可靠的结论。

据研究者观察，云猫白天喜欢在地面活动，寻找新的鼯鼠洞，因此容易进入相机的视野；而当夜幕降临时，它们便会回到夜间的猎场，在树上守株待兔。由此，便躲过了地面布设的秘境之眼。

有趣的是，在云南德宏，我们居然发现云猫的拍摄率高于豹猫。这也让我们非常好奇，难道树栖能力强劲的云猫在森林中的生存能力要高于“底线”豹猫？

云猫身上的谜题还有很多，比如：

它们和其他伴生物种的关系如何？

同是小猫，云猫、豹猫和丛林猫之间会是怎样的竞争关系？

体形更大的亚洲金猫和云豹会对它形成压制吗？

在它们赖以为生的森林里，当冬季来临果实减少时，它们是否会追随猎物往更低的海拔迁徙？

它们互相钻肚子的求偶行为是独有的吗？它们有怎样的繁殖节律？

……

我们很幸运地生活在一个拥有云猫的国度，却对它们知之甚少。这导致了云猫一直都缺乏必要的关注和保护。

云猫种群趋势正在下降

2008年，根据有限的种群评估数据，IUCN将云猫列为易危(VU)。2015年，将其调整为近危(NT)。但这并不代表云猫种群数量增加，或保护趋势向好，而恰恰说明了调查和研究的不足。

评级理由是这么说的：一方面，近年来亚洲越来越多的红外相机调查证实了部分地区云猫种群实际存在，其个体数量多于此前的预测；另一方面，云猫分布广泛，所居生境多为山势崎岖之地，人为干扰较少；综上，在其150万平方千米的分布范围内，其种群密度不会低至每100平方千米1只，因而其种群数量无论如何不会低于VU标准的10 000只。

林子不好的地方没有云猫。

但这150万平方千米的分布区是理想的完整的一块吗？基于文献的调查，并未考虑到历史上的云猫分布区如今正在遭受毁林威胁。高度依赖森林的云猫鲜见于人类定居之所，但这并不能表明它们的生境遭受的人为干扰少，而恰恰说明了它们对于人为干扰以及栖息地变化高度敏感。近年来，对森林的砍伐和开发导致保护区之外的原始林数量锐减，云猫的分布区令人忧心忡忡。

除栖息地威胁之外，云猫还面临着人为猎杀的压力。尽管云猫分布范围内的大多数国家已将禁止猎杀写入法律，但仍难以使它们受到百分之百的保护。

我国的云猫怎么样了？

在我国，受限于调查研究的不足，云猫的狭域分布、种群数量不明，它们和其他小型猫科动物一样，保护等级仅为“三有”。实际上，作为原始林的标志物种，云猫和它们的生境一样，独特而稀缺。我们希望能有足够的时间解开云猫之谜，不要让这最美的小猫失落于中国。

豹猫已是底线，无论生态还是文明

陈月龙

生活在印度、斯里兰卡等地的锈斑猫因纪录片《大猫》的播出而名声大噪，深受猫迷们的喜爱。虽然中国没有锈斑猫，但中国有一种长相、血缘关系都和锈斑猫非常接近的猫——豹猫，它们就生活在我们身边。豹猫并不像锈斑猫那样幸运，它们现在处境堪忧。

我们的豹猫，同样美丽

豹猫在民间有很多俗名，猫豹、鸡豹、土豹子、野猫等，但还是豹猫这个名字较能准确描述这种动物：它们具有和猫一般大小的身材和秀气的五官，像豹一样的斑点和顽强的生存能力。

豹猫在中国的分布极其广泛，除了新疆外，其他省区均有分布。生境选择上，豹猫也并不挑剔，虽然身上的斑

这只被救助的豹猫有着完美的脸。

作者介绍

陈月龙

活跃于狗獾家族的最著名人物(没有之一)，最喜欢做的事情是救动物，喜欢所有见过的动物，野猪是他“见一个爱一个”里最爱的那一个。

点更适合森林，但平原地区只要有隐蔽的环境，豹猫也可以生存。

豹猫活动范围相对小，可捕食的猎物也比较充足，过去是一种较为常见的动物。正因如此，人们并未意识到它所面临的危机，制订国家重点保护野生动物名录时，豹猫没有被列为一、二级保护动物，仅属于“三有”的保护级别，和麻雀一样。这个问题现在正在变成灾难。

最受伤的猫科动物

在中国的12种野生猫科动物里面，今天雪豹获得了最多的保护关注，它们可能是生存幸福感最高的猫科动物，落脚在地广人稀的高原可能是它们演化之路上最明智的选择。而最不幸福的恐怕就是豹猫了，东南部地区本是它们的栖身之地，但同样看中这些地方的还有人类，而人

类完全不重视豹猫。

过去，人们物资匮乏，又缺乏保护野生动物的意识，豹猫被大量猎杀，成为皮张。在曾经最盛产豹猫皮的地方，现在豹猫居然已经绝迹了，这的确令我们感到惊讶——原来豹猫真的会被捉光。

在东部一些山区，带我们一起上山的护林员说，这里有豹猫，十几年前看到过。我们安装了红外相机并用了几个月的时间守候，却一只豹猫也没有记录到。但打猎并未停止，依旧是有什么就打什么。

现在，人们的物质生活不匮乏了，但保护野生动物的意识依旧淡薄。

大量野生豹猫被捕捉用来培育宠物，在市场上被叫作亚豹或者亚洲豹猫，但这都是违法的。可以作为宠物的是经过严格选育的孟加拉豹猫，而国内的黑市把野生豹猫当作宠物出售，使野生豹猫种群面临巨大的威胁。

非法的野味市场里交易各种珍稀的动物，豹猫当然也在其中。在猎奇心理驱使下，一些人对各种来路不明的肉充满期待。实际上人类祖先早已把能吃的、好吃的都驯化了，那些野生的真没什么好吃的。另外，如果还有人对于野味的功效心存幻想，那么不妨先了解一下那些因为食用野生动物而感染疾病的例子吧。

总而言之，由于皮毛、野味和宠物交易，曾经广布全国各地的豹猫，身边早已危机四伏，不知不觉滑向深渊。

豹猫也挣扎着远离人类

豹猫不是没有努力适应。在漫长的与人类互动的过程中，豹猫早已进化出一套与人相处之道：步步退让，渐行渐远。

几十年前的北京，出了三里屯就是农田和小河，水边有蛇，河里有甲鱼。彼时，豹猫就在这些地方抓老鼠。随着城市的发展，豹猫便渐渐撤退到它们认为可以不被侵扰的地方。

近如香山，白天，游客络绎不绝，豹猫在密林中休息；夜晚，豹猫或行走山间，或在防火道上溜达，与人相安无事。

在村庄，如山西和顺金钱豹保护地，夜晚在村里开车，运气最好的一次，两三个小时内能看到7只赤狐，晚上起夜都能来个5米以内的偶遇，这让我犹如来到英国那些赤狐和欧洲獾出没的街区和村镇。但即使在这里，豹猫也难得一见。唯有深入那些远离村子的山沟和山梁，才能看到醒目的豹猫粪便横在兽道正中，下一坨距离也不会太远，宣示主权无所畏惧。相比可见，赤狐选择了离人比较近的田园，而豹猫还是本能地选择了远离人类的山林。

北京的豹猫。

山西的豹猫。

无奈之下的冲突

豹猫在自然界以鼠类和鸟类为食，是彻头彻尾的肉食者。而相较野生的猎物，家禽显然肉更多、更易被捕获，当领地区域内两者同时出现时，豹猫本能地不会放过家禽，由此而造成的人兽冲突并不鲜见。

而据我们在全国各地的调查所见，无论在哪里，从没有因豹猫造成巨大且无可避免损失的真实案例。当损失发生时，人们往往选择加固笼舍、养狗看护，正所谓亡羊补牢。这样的防范措施，比起妖魔化豹猫，能更直接快速地减少损失。

盖娅自然学校的鸡舍也曾发生过豹猫吃鸡的情况，在加强防范的前提下，他们使用诱捕笼对豹猫进行了安全捕捉。在联系“猫盟”获得建议后，他们迅速将豹猫转移到当地保护区内放归，此后再无豹猫骚扰。冲突，可以根据实际情况轻松化解。

豹猫是指标，也是底线

我们曾在许多地方见到过豹猫。只要给它们留有余地，它们就可以毫无困难地在绝大多数地区自由生活，适应各种自然地理环境，与人类和谐共存。

作为纯粹的食肉动物，身量娇小、适应力强的豹猫是生态文明的重要指标。尽管所求不多，但也只有满足基本条件后才能存活：山得凑合够吃，人得凑合节制。

重庆城市中的孤岛小山保住了野猪、小麂、猪獾、鼬獾、红腹锦鸡，但却最终没能留住豹猫。江西桃红岭还有梅花鹿，但豹猫同样毫无影踪。

豹猫是森林完整的一条底线，如果一

四川青城山的豹猫。

西双版纳的豹猫。

个森林里连豹猫这样的捕食者都没有了，那么也不会再有什么纯粹的捕食者了，而没有捕食者的森林是不可能完整的。当我们都在惋惜华南虎的灭绝时，却很少有人意识到这一结局其实有迹可循，豹猫都难得一见了，还如何奢求老虎、豹子？

对豹猫来说，已失落的或许还有可能恢复。

在自然条件优越的大城市深圳，随着人们保护意识的提高和了解自然欲望的增强，深圳红树林、塘朗山的豹猫也重新回到了人们的视野之中。它们在此生活，捕食水鸟，建立了自己的“社交圈”。当我们看到深圳人对豹猫的喜爱与珍惜时，便觉得豹猫出现在这里并不意外。

保护豹猫，需要我们做什么

四川卧龙的豹猫。

保护豹猫，我们可以做的事情有很多。但看起来都不如人们对于豹猫的态度重要——当人们真的认识到豹猫对于生态环境的重要意义，不

深圳红树林的豹猫。

干扰并为之留下空间时，我们就可以静待佳音了。

在生态文明建设的大环境下，真正的荒野并不是靠人为建设而成的。所谓生态文明，是人和自然的和谐相处，是人对野生动物包容和与之共存的态度，是人和无法脱离的大自然的情感联结，如果我们对于豹猫都无法包容，还有什么生态和文明可言？

我们随手搜索亚洲豹猫，就能找到大量贩卖野生豹猫的信息，它们被叫作亚豹或者亚洲豹猫，很多人尝试把野生豹猫带回家，很多人利用野生动物牟取私利。那些黑心的猫舍，装出一副很喜欢猫的样子，其实是在把野生豹猫赶尽杀绝。而被豢养的豹猫可能由于不适应非自然环境而患病，也可能因为性格问题而遭到抛弃，但又不再拥有野外生存的能力，甚至可能因为失去自由而产生精神问题……这些都将导致它们走向死亡。

其实，当野外的豹猫被抓到的时候，大自然就已经失去这只豹猫了，人们的每一次购买，都是在消耗着已经岌岌可危的豹猫种群，而在运输贩卖过程中，有更多的个体相继死去。如果真的喜欢，请欣赏它们在野外自由自在的美丽身姿！

如果真的喜欢，请欣赏它们在野外自由自在的美丽身姿！

我再也看不到这么一双美丽的蓝眼睛了！

宋大昭

前段时间我专程去祁连山国家公园青海片区，就为了拍荒漠猫。我对这双蓝眼睛一见钟情，世界上怎么会有这么好看的小猫呢?！来看看生活在那里的荒漠猫是怎样大吃大喝，活泼自在的吧。

初次相遇，一见倾心

小稞是一只荒漠猫，是我这辈子亲眼见到的第一只荒漠猫。

那是5月31日，我在青海门源县下火车后的一小时。鹳总慢悠悠地开着车，说："前几天就在这里，一晴终于看到了草猫。"

这是一条坑坑洼洼的土路，两边都是青稞地。绿油油的青稞苗只有10厘米高，像绿地毯一般，看上去很可爱。

车右后方有一片造林地——稀稀拉拉的沙棘、青海云杉树苗以及原生的禾本科野草给荒漠猫提供了栖身之地。

车的左边停了一只漂亮的雄性拟大朱雀，很显然它想吃刚撒播下去不久的青稞种子。和它相伴的还有一大群黄嘴朱顶雀，这些鸟就像麻雀一般在地里蹦跶。在这里，麻雀并不占什么优势。

小稞趴在鼢鼠堆边上耐心等候，不远处公路上车来车往。

距离我们不到100米远的地方，青稞地里有个黄色的东西，顶部尖尖的，似乎和土块不大一样。

“那是个什么东西？”我嘀咕着。

鹳总举起望远镜仔细观察，片刻之后，他很确定地说：“是一只猫。”

一只背对着我们，趴在地里享受美好夕阳的荒漠猫——我专程前来拍摄的动物，仅仅在到达目的地后的一小时就拍到了。

突然，它意识到了威胁，转过头来看着我们，并且尽量低下身体，完全贴着地，几乎消失在低矮的青稞丛里……

我第一次见识到在开阔生境里活动的捕食者如何隐蔽自己。它紧贴着地面，不断扭动着调整自己的姿态，我觉得它就像一只壁虎。我从侧面迂回接近，在距离它约30米的地方，学着它的样子趴下，但是并不能让自己消失在草丛里。

警戒状态的小稞把全部身体贴在地面上，显得很紧张。

虽然我已经可以看清楚那湛蓝的眼睛，但依然无法看清它的全貌。最后吉吉走到离它20米的地方，这终于突破了它的安全底线，它起身扭头就逃走了。我意识到，我们的行为过火了。

初次看到荒漠猫的兴奋使我忘记了生态摄影的不打扰准则，并且我

荒漠猫拥有猫科动物难得一见的蓝色眼球。

也没有拍到一张自己想要的照片：一只处于自然放松状态的荒漠猫。

在此后的几天里我们再也没有这么做。

我们对它几乎一无所知

在分类学上，荒漠猫通常被独立地看成一个物种，但遗传学表明它实际上应属于野猫的一个亚种，就像非洲野猫、欧洲野猫和亚洲野猫一样，DNA显示荒漠猫与非洲野猫的亲缘关系较为接近。

荒漠猫几乎是人们最不了解的一种猫科动物。这一点从它的名字就可以看出——荒漠猫这个名字就错得离谱，这可能来自它最早的英文名字：Chinese desert cat，中国沙漠猫。

实际上它不是分布于(或极少分布于)沙漠地带,目前我们知道它主要分布于青藏高原东北部的山区,向南可分布到四川省甘孜州和青海三江源地区,而它真正的分布边界目前并不清晰。

现在它的英文名字被更改成Chinese mountain cat,中国山猫。看上去合理了一些,但我觉得还是青海当地的叫法最能体现荒漠猫的特点:草猫。它们确实就是一种满身枯草色,生活在草丛里的猫。或许它的名字应该改成:Chinese plateau grass cat,高原草猫。

科研组此行应祁连山国家公园青海片区之邀,调查当地的荒漠猫。然而我们对荒漠猫了解如此贫乏,就连制定调查目标都很困难:分布?种群?密度?习性?任何一个都不好完成。

我们在新龙的森林和石渠的高海拔草山上都拍到过荒漠猫,我们知道四川若尔盖的高山草原地区是荒漠猫遇见率较高的地方。但我们也知道在各地的红外调查中,荒漠猫都较少露面。拍到的都属于偶然记录,并无专门针对它的成熟经验可供参考。如果是我们了解较多的豹、雪豹,对照地图实地跑一圈,很快就能知道它们在哪里,剩下的工作无非是装红外相机看看能拍到多少。但对于荒漠猫,简直无从下手。我们不知道它喜好的生境,不知道它的活动规律,不知道它主要吃什么……我们几乎什么都不知道。

而这恰恰证明调查的重要性:我们该去了解这种仅分布于中国的、人们知之甚少的猫科动物。

一个特殊的荒漠猫种群

大牛去年就开始进行预调研。他发现,在青海祁连山国家公园的范围里,很多目击记录就发生在管护站附近。

我们猜测:或许那么多红外相机很少拍到荒漠猫,原因是它不是主要分布在深山里,所以拍雪豹、猞猁的相机很少遇到它。不如看看路边农田、浅山区?

大牛很快就发现了一个非常特殊的荒漠猫种群:它们生活在县城附近,藏身于造林地和浅山灌草丛地带,觅食于青稞地。这个发现极大地提高了调查的效率,他们可以很轻松地安装红外相机和搜集粪便,并且创造了一天之内就用红外相机拍到荒漠猫的快速调查新纪录。此后他们又用同样的速度拍摄到了猞猁。

我曾设想我们需要在很大的区域里开车寻找荒漠猫的踪迹,但大牛他们在几天的调查中多次邂逅荒漠猫,这预示着我们能够很快摸索出正确的方法,缩小搜寻范围,提高遇见频率。

一片特殊的栖息地

在看到荒漠猫前的一个小时,我已经领略到其理想生境所需具备的要素。

门源县坐落在祁连山和达坂山中间的平缓地带,两山间距十来千

门源县的荒漠猫栖息地,稀稀拉拉的草丛、生长缓慢的沙棘和云杉,这就足以满足荒漠猫的需求。

米。这个平缓地带成为人类耕作的好去处。

一眼望去，大片的青稞地里至少有50只雉鸡映入眼帘；路边低矮的云杉苗圃里，狍子在安静地吃草；一只巨大的雕鸮从河岸上掠过，落在一个石头堆上；河滩里不时能看到灰色的高原兔在草丛里蹦跶。每隔几百米就能看到一只灰背伯劳停在电线上，数不清的岭雀、朱雀和其他小鸟在沙棘灌丛里跳跃鸣唱——一看就是个动物很多、干扰很低的地方。

造林地里的一只亚成年狍子，见到人类并不紧张。

但其实这地方就在县城边，村落和农田是最主要的景观。

此时正值播种季，青稞长势正好，一些地刚刚翻完，撒种机器正在把种子四处抛撒，数不清的雉鸡和岭雀鸟儿就跟在后边吃着。而到了夜间，兔子和狍子都会来到地里大快朵颐——我第一次看到狍子这样成群结队地在开阔地活动，就像是一群藏原羚或者马鹿。

似乎这才是山水林田湖生命共同体？当地人好像对动物吃他们的庄稼完全无动于衷，而我观察了几天，也没觉得这些动物让田地造成多大损失，青稞依旧绿油油，田园始终好风光。我想这一定是因为当地没有野猪的缘故。

拟大朱雀在地面上蹦跶，青稞种子是它们喜欢的食物。

大肥鼢鼠真美味!

但确实有一种动物是会被农民想法子对付的:鼢鼠。

一天早上,我们发现一个农民正在刚播种过的地里安装夹子——就在一堆堆的鼢鼠堆边上。这里的鼢鼠堆特别多,我也不知道为什么。这些夹子似乎很快就起了作用,下午我们再来的时候,发现夹子已经都被拿走了,我们猜测这块地里的大部分鼢鼠已经被干掉了。

很快我们发现,鼢鼠也是一种对荒漠猫特别重要的动物,我甚至怀疑这地方的大草猫们只吃鼢鼠。在一个不知是被狐狸还是草猫利用的洞穴附近有很多鼢鼠的头骨,显然这是草猫吃剩的食物残骸。

一天傍晚,我们远远看见了一只刚开始活动的草猫——它和几只雉鸡站在一起,看上去对鸡毫无兴趣,伸了个懒腰,在野鸡们的注目礼中溜达着走远了。这确实有点让我吃惊,我以为没有不喜欢吃鸡的小猫。

我们确实也目睹了两次草猫捕猎——捕捉的都是鼢鼠。

能够看到猫科动物在野外捕猎是非常难得的经历。

一只打算离巢活动的草猫,对四周的野鸡无动于衷。

第一次我们距离那只猫比较远，大约有七八十米远。我们很安静地把车停在路边，看着猫在青稞地里踱步游荡。它步态稳健缓慢，犹如一只漫步在湿地里的老虎，完全不像一只小型猫科动物。同我们经常在山林里遇到的鬼鬼祟祟的豹猫相比，草猫的体形明显更大(肥)一些。

它在一个鼢鼠堆前停了下来，然后坐下，仔细倾听——很显然鼢鼠在洞里，而草猫能够听到老鼠的动静。鼢鼠活动到距离地面很近的地方时，它猛然跃起，用前脚奋力下击。它捉住了猎物！它倒在地上，抱着鼢鼠撕咬蹬踏。几秒后它起身，嘴里叼着这只肥大的猎物，慢慢离开，走到一边享用大餐去了。

准备出击！

第二次看到草猫捕猎的情况也差不多，只是要近很多——当我们看到那只草猫蹲在路边的鼢鼠堆边时，我们距离它连10米都不到。

这只草猫看到了我们，有点犹豫，想躲开但又不愿放弃即将到手的猎物。见此情景，我们赶紧把车往后倒了几十米，怎么能打扰它吃饭呢。

一击得手！

它安下心来，专心等着鼢鼠冒头。几分钟后它得手了，带着猎物钻进了马路对面的造林地。当我们再次看到它时，它正躲在一棵云杉树苗下面吃那只大胖老鼠。

这使我们得到了启发：如果哪块地里的鼢鼠堆多，那就应该在合适的时间来看看，或许会碰到一只守着鼢鼠堆的草猫。

捕猎成功的草猫准备到安静不受打扰的地方享用猎物。

小青、小稞、小地、小田、小树

我们通过在不同的时间段巡视，很快摸清了草猫的活动规律，并且知道了最有利于拍摄的时间段。收获最多的一天我们遇到了7次草猫——根据相遇的时间地点，我们判断至少有5只草猫。

我们发现了一些很有趣的现象：在这种完全被人类改造过的环境里，草猫体现出惊人的适应性。几只不同的个体可以同时住在一小片造林地里，然后在夜晚各自选择不同的方向去青稞地里觅食。

它们活动的地点看上去有一定的规律性，我们经常在同一个地方看见同一只猫——据此我们给几只草猫取了名字：小青、小稞、小地、小田、小树，或许还有小草、小石头之类的。总之，在这种栖息地里它们体现出较高的密度。看上去它们依然有领地意识，但是它们又可以在很大程度上共用栖息地。我不知道这种特性是否仅局限于这样特殊的栖息地（这种完全被人类改造过的环境），原始栖息地里又是怎样的呢？

我发现草猫白天主要躲在洞里，很少出来活动。看上去它们什么洞都会利用，旱獭的洞穴、甚至坟墓下的坑洞，我们的红外相机都会拍到草

这是小树，这张照片很好地说明我们为什么叫它小树。

猫在活动。而到了傍晚，它们往往会在洞口慵懒地待一会儿，甚至玩耍一会儿，然后才会消失在青稞地里。

放牧，或许是种威胁

我和鹳总打算继续往北边的祁连山和南边的达坂山里走，或许会找到荒漠猫更加原始的栖息地。在两座山里，我们确实都探听到了草猫的信息，但并没能看到一只猫的实体。

在达坂山的山谷里，一个放牛的唐姓汉子跟我们讲起了动物的故事：草猫以前多，现在见得少了，还是有一些。应该还有猞猁和兔狲（他不知道叫啥，跟我们形容后我们才确定是兔狲），雪豹偶尔会下来，那边那个沟里一家放羊的去年被雪豹拖走好几只羊。狼基本看不到了，狐狸也不多。曾经有两只草猫就在下面一点的地方，将牧民家的鸡都偷光了，后来被牧民打死一只……

而在祁连山里，一个放羊的汉子说："草猫？有！你来个两三天就能碰上。"

"你家养了多少羊？""三四百只吧。"

一些蛛丝马迹似乎在印证着我们之前的推测：荒漠猫更加偏好于生活在浅山地带灌草丛生的环境里，但密度并不会很大。

几天后我们往北穿越祁连山前往宁夏，在整个穿山过程中，我们看到了很多像是会有荒漠猫的生境，同时也看到了很多羊和牛。

通常我们在谈及一个物种的保护时，需要先明确其所面临的威胁。毒药灭鼠、与家猫的杂交，都被认为是荒漠猫所面临的威胁。但我怀疑荒漠猫正在面临另外一个未曾被人注意到的威胁——放牧。几乎所有的浅山地带都是被高度开发的牧场。雪豹、猞猁、兔狲或许都可以避让到更高更远的山里去，但是荒漠猫的主要栖息地就在这里。它们之所以形成与猞猁、兔狲的生态区隔并演化成一个独立的物种，可能恰好是因为它们在空间上做出了不一样的选择。它们或许可以像门源的草猫一样，去适应人类改造后的环境（谁知道会延续多久呢），但更大的可能是：大量的荒漠猫正悄悄地从历史栖息地，今天的牧场里消失。

虽然我并不确定放牧对荒漠猫的影响（这或许正是我们下一步应该去搞明白的问题），但我认为，这比灭鼠和消灭流浪家猫对荒漠猫而言更加重要。

一大清早就开始进山的羊群，它们数量众多，足以挤压任何其他的有蹄类。

清晨，小稞在青稞地里活动，很快它就会回到洞里去休息。

再次邂逅，一眼万年

一天早上，我们很早便开车进山去寻找马麝。在途经小稞经常出现的那片青稞地的时候，我们又看到了它。

小稞是我心中最漂亮的一只草猫，它体格健壮协调，面貌清秀俊俏，在晨光中它那特殊的蓝眼睛格外好看。

这次它并没有紧张，不像第一次我看到它时那样紧贴地面、双耳背起。它站在那里看了我们几秒，然后迈着轻快的步伐向它藏身的造林地里走去。

希望它们能够永远这样快乐地生活下去，在每天傍晚去田里捕捉那些肥胖的鼢鼠。

远处白色的山属于雪豹，近处黄色的山和草场则属于荒漠猫，当然更属于人类的羊群。

今天说说中国的豺，消逝和归来

宋大昭

自古以来，国人对豺就不陌生。很多地方叫它红毛狗，也有叫斑狗的，在山西和顺，二宝告诉我们，20世纪90年代的时候还有豺，当地人叫它们小红狼。

但是豺在历史文化里名声并不好。大家熟悉的一些词儿，比如：豺狼当道、豺狼成性、豺狼冠缨，都不是什么好词儿（连带着狼也没得到好名声），即便是一个中性点的词：骨瘦如豺（同柴），细看也不是形容美好事物的词儿。 但是有一个关于豺的描述倒是勾画了豺在生态学上的一些特点：《逸周书·时训》上说："霜降之日，豺乃祭兽。"清朝进士朱右曾对此校释道："豺似狗，高前广后，黄色群行，其牙如锥，杀兽而陈之若祭。" 这意思是说到了秋天霜降节气时，豺开始大量捕猎，吃不完的就放

豺。

在那里，就像是在用兽来祭天，以报答老天的恩赐。

当然豺肯定没有进化到这个思想境界，动物到了秋天都要贴秋膘以抵御冬季的寒冷，尤其是华中、华北、东北的动物。

豺成群活动，捕猎能力强，能够捕杀比自己体形大得多的猎物，而古时候野生动物比较多(想想今天的非洲或者印度)，豺群吃不完猎物扔在那里也很正常。

可想而知，豺能捕杀大型的水鹿、梅花鹿、麋鹿，当然也能捕食黄牛、水牛、家猪和家羊。在过去生产力低下的农村经济环境里，一群豺可能会给一个村庄带来很大的损失，这或许也是豺或者狼很不招人待见的重要原因。相比较而言，大型猫科动物如虎、豹很少会造成这种大规模的经济损失。回顾历史我们会发现，豺狼虎豹这四大凶兽之所以这么出名，是因为它们有个共同点：分布广泛，因此才认知度高。

这两种大型犬科动物和两种大型猫科动物几乎都是全国广布的物种，从今天生态学的角度来看，这都是进化成功的表现。它们都生活在生态位的制高点，是生态系统里的旗舰物种。然而生态系统一旦被破坏，首当其冲受到影响的恰恰也是它们。

今天这四大凶兽在中国日渐凋零，虎仅见于东北和西南的边境地带，豹沿着胡焕庸线呈碎片状分布，种群急剧缩减。全国广布的狼如今只在人口密度较低的西部高原和北方草原尚有一定种群，而豺则从随处可见变成了稀少到近似传说。华北、华东、华南、东北……过去豺的分布区如今连根豺毛都找不到了！我们在黄山找云豹的时候问一个当地人，他特别得意地说当年在山里看到一只豺咬死了一只麂子，就上去把豺赶走把麂子扛回家，豺在后面跟了一路，舍不得猎物，他还训斥了那只豺。

我心里说这都什么人啊，你咋不去抢狗食儿吃呢？ 前些年的时候，大伙儿都很悲观地认为，豺在中国可能已经穷途末路了。

中国豺的现状

然而凶兽之首的力量是我们所没有想到的。近年来我们发现，在中国很多地方，依然能找到豺的踪影。

2015年的时候，我们在参加TBIC组织的藏东南生物多样性调查时，在墨脱和察隅都拍到了成群结队的豺，这是我们初次见识到拥有完整食物链的生态系统多么诱人美好。

接下来，我们又依次在云南德宏的铜壁关保护区和西双版纳的易武保护区拍到了豺，特别是在易武的中老边境地带，我们发现豺也是成群活动，并不罕见。

与此同时，在四川卧龙、黑水河保护区以及云南白马雪山也先后拍到了豺，虽然数量并不多，但其出现就是豺群恢复的希望。

最令人意想不到的是在西部高原荒漠区出现的豺，从青海的玉树到祁连山，再到甘肃盐池湾和新疆罗布泊，在这样寒冷干燥的地方也有了成群的豺出没。

比如盐池湾保护区的豺群体规模可达十余只，而就在大牛和熊吉吉参与的祁连山花儿地的调查中也出现了结成小群体的豺。

这些发现使得豺在中国的

察隅的豺。

铜壁关保护区的豺。

墨脱的豺。

花儿地天峻的豺。

保护充满了希望。豺的保护意义非常显著，豺群几乎拥有接近于老虎的生态位。在四川和陕西，它们未来或许可以去抑制数量泛滥的羚牛，就像它们现在在藏东南做的那样；而在西北，它们和雪豹、狼一起在调节着岩羊等大型有蹄类的数量。

为何消失？

要保护豺，首先我们要搞清楚为什么它们会消失。这或许是个比较复杂的问题。在华东、华中、华北、华南这些历史分布区，豺消失的主要原因不外乎栖息地消失以及人为猎杀。

和其他大型食肉动物一样，人兽冲突导致的猎杀以及对栖息地的开发先后消灭了虎、狼和绝大多数的豹，豺也未能幸免。

然而有些地方的豺的消失却是个难以解释的现象：在新龙，我们的七猫之地，向阳告诉我说以前豺多得很，敢跑到村边来吃家畜，后来也不知道怎么就没有了。很显然，打猎和栖息地丧失在这里都不存在，否则也不会有7种猫和11种有蹄类存活至今且家族繁盛。同样的情况出现在藏区很多地方，整个甘孜州到青海玉树和祁连山普遍都有这种豺忽然消失的情况。

一个可能的原因是疫病。豺在青藏高原消失的时间基本与藏獒兴起吻合，大量增加的藏狗可能将致命的犬瘟和狂犬病传染给野外的豺，而成群活动这个习性使得豺不像狼、赤狐、藏狐那样能够依靠种群的分散来抵御疾病，它们在很短时间内就被消灭了。

而在云南，虽然狩猎强度较高，且人类社区（狗）与豺活动也很接近，但由于热带雨林/季雨林环境生产力高，且人类社区进入野外的时间较早，当地的豺依然保存了一些小种群，并且可能在与人相伴的过程中具备了一定的免疫力。尹杭和她的保护机构“雪境”一直在藏区做流浪狗的数量控制和免疫工作，虽然看上去聚焦在家畜，但我认为这是一个对高原生态系统利在千秋的工作。

保护的问题

有豺是好事，但也不全是好事。前些天西双版纳保护区科研所给我传来了一些老挝的监测数据，这是“猫盟”在那里安装的相机记录到的。

我发现有个相机拍到了很漂亮的豺群影像。在短短的15秒内，5只健康的豺依次从相机前经过，橙红色的体色、黑色蓬松的尾巴，闲散的步伐散发出荒野的杀气。这把我的思绪一下子勾回到那片绿色的雨林。

然而让我回忆起的不光是雨林的美好，还有其他的，比如，豺会吃牛。当时我在山上听带路的村委会主任苏三说起豺造成的家畜损失时着实吃了一惊。与和顺的情况类似，在这边的山上，特别是在保护区外面，有很多牛被散养在山上。由于老虎已经从当地消失，豹的数量也很少，能够给牛带来威胁的就只有豺。近年来似乎豺群的数量在上升，因此导致了大量豺攻击牛的事件。

“你在山上见过豺咬牛吗?”我问。

“见过。一般雨季的时候豺就会来，我就见过一群豺，十几只，追着我家的牛咬，我上去赶都不怕，还朝我叫唤，就跟狗叫一样。”苏三说。

与豹不同的是，豺群有足够的能力杀死成年的牛，因此它们几乎可以在全年任何时候都对山上的牛发动攻击。后来科研所的杨所长告诉我，近年来，从江城到易武，很多地方都不敢养家畜，牛、猪都会被豺吃掉。

我听了以后心里五味杂陈。这到底算好事还是坏事？和大象破坏庄稼以及伤人受到的重视截然相反的是，豺在当地造成的问题至今没有好的解决办法，甚至连知道的人都不多。

而豺的出现对于这片雨林而言意义非凡，要知道，这里是存在着豹、云豹、金猫、云猫、大灵猫、熊狸、小鼷鹿、小爪水獭等一系列神奇动物的地方，在中国你再也难以找到这么一块宝贵的雨林。

结语

我记得我外公曾经跟我说过皖南山区的故事：有次在山上见到一群斑狗（豺）围追一只老虎，甚至把老虎逼到了树上，后来老虎和豺厮打着滚进了山沟，消失不见了。

遥想当年，这种生灵盛况其实在中国是个普遍现象。那一幕距离现在并不遥远，但我们若想再见当年场景，不知还有多少路要走。而另一个说法则是：豺狼虎豹，豺是唯一一种从来不会对人产生威胁的动物，甚至走夜路的时候，豺还会成为人的护卫。不知真假。

完整的生态，古老的雨林，无数的野生动物生活在中老边境的雨林之中。

鹰之河，总有一些浪花在中途消逝

土皮

每年三月，数以万计的猛禽聚集于东南亚的热带丛林。在这里，它们抓紧时间补充能量，以应对接下来的万里征程。其中就有我们的主角——凤头蜂鹰。它们在东南亚度过了整个冬天，现在准备北上繁殖。冰消雪融，水滴汇成细流，最终波涛汹涌。蜂鹰也在聚集，像一条河，缓慢而坚定地流过大地的上空。这就是鹰之河。

一场伟大的旅程

凤头蜂鹰是一种中型猛禽，体长52—68厘米，体重0.75—1.49千克，翼展115—155厘米。它们有着独特的食性，喜欢吃蜂巢中的蛹，而且脑袋后还长着一撮呆毛，因此得名凤头蜂鹰。蜂鹰体形中等，细长的爪也不适合捕杀大型猎物，看起来比较好欺负。

但大自然从不偏袒弱者，要想过得好，自身就必须强大，至少得看起来强大。这也许就是蜂鹰“百变”的原因了——它们本身就看起来像强大的雕，再加上色型多变，常能以假乱真。大致统计一下，蜂鹰的模拟对象有白腹隼雕、棕腹隼雕、鹰雕、蛇雕、短趾雕、苍鹰、大鵟、乌雕等。

从三月开始，东南亚的凤头蜂鹰便陆续启程。它们中的绝大多数从我国西南入境，经过云贵高原、川渝大

作者介绍

土皮

又土又皮的博士生。好观鸟，经常趁闲暇东跑西跑补充自己的鸟种记录。

地、华北山地，最终分散到东北、俄罗斯、朝鲜半岛和日本的繁殖地。这场伟大的迁徙每年都在上演。无数猛禽爱好者翘首以盼。

到了五月，人们终于盼来凤头蜂鹰的迁徙高峰。在迁徙通道上，有机会“日赏千猛”。重庆就是一个观赏猛禽迁徙的好地方，素有“鹰飞之城”的美名。借着上升气流，数以百计的蜂鹰在山头盘旋上升，就像一根根柱子，称为鹰柱。最多的时候，重庆一天能数到5000只以上的猛禽飞过。

北京是中国的首都，也是国际著名的大都市。但人们不知道，鹰之河同样会在北京上空流淌而过。当蜂鹰大部队匆匆赶来的时候，无声而又浩浩荡荡。它们是北京猛禽迁徙的重头戏，也是压轴戏。蜂鹰一过，春季迁徙就基本结束了。

而我有幸赶上过一次视觉盛宴。2015年5月11日，9点左右匆匆到达了百望山上的小平台。这里是北京猛禽监测的一个据点。一开始鸟况平平，猛禽，掰着指头都能数得过来。风很大，太阳也毫不吝惜它的光芒。这会是平凡的一天吗？没有人知道答案。

一只掠过北京上空的凤头蜂鹰。

大概10点30分一过，远处开始出现蜂鹰的身影，一群又一群，不过数量不算多。忽然有人尖叫："看头上！"——透过望远镜才看见天上有无数小黑点，正一只只稳稳地划过。东边、西边、正上方，全都有，简直要数不过来了。大家各管一个方向，一直数到200多只才算告一段落。山上的四五个人都开心得不得了，这是大自然的赏赐。朵朵白云像棉花一样，阳光也出奇地好。蜂鹰们就这样在蓝天白云下沉稳地、笔直地向着北方浩浩荡荡而去，一批又一批。

转眼到了下午，看看记录本，数量早已过千。5点左右，准备下山。刚走到山路上，就被眼前的景象惊呆了。颐和园上空，无数蜂鹰在盘旋下降，借着金色的夕阳，如梦如幻。再往西山方向看去，更多的蜂鹰在准备降落，密密麻麻地洒向山林。它们要休息了，准备次日的冲刺。

粗略数了数，这一波大约有400只。这一天，竟然有多达2000多只猛禽飞过！

自从离开越冬地，这些蜂鹰就把自己托付给了气流和双翼。湿漉漉的雾雨逼迫它们停留，而灿烂的阳光终会指引它们再次北上。此时北方的山地森林早已生机盎然，在等候它们归来。也许一周，也许两周，蜂鹰陆陆续续回到了阔别多日的家园。

它们是蜂巢猎手

在东亚的山地森林，蜂鹰忙着找寻伴侣，准备繁殖。选定领域后，雄性在森林上空高调巡视。它们高举双翼，在背后连续拍打翅膀。这是在告诉同类，这块山林被我承包了。这时已经是六月。很多动物的繁殖接近尾声，而蜂鹰才刚在巢里产下两枚卵。雌性蜂鹰长着黄色的眼睛，体形稍大；雄性蜂鹰眼睛呈暗褐色，体形稍小。

经过一个月的轮流孵化，蜂鹰雏鸟终于出壳。相比其他猛禽，它们的繁殖时间太晚了。但一切都是最好的安排。早期雏鸟的食量较小，父母带回来的青蛙、蛇、小鸟就能满足胃口。当蜂鹰雏鸟在巢中成长的时候，黄蜂的城堡也在森林中扩建。这些城堡属于蜂后，它在寒冬中幸存，然后独自建立起庞大的帝国。

盛夏的时候，它的帝国越发繁荣。当蜂鹰崽子越来越贪婪、永远吃不饱的时候，蜂巢的收获季就到了。此时的黄蜂城堡热闹非凡，精致的六边形格子里塞满了肥美的幼虫。大自然的安排是多么巧妙啊！蜂鹰夫妇在林中穿梭，带回大块大块的蜂窝。贪婪的崽子们尖叫着从父母那里抢过食物，张开翅膀霸占了美食。父母躲闪着站到一旁，爱让它们宽容，让它们从不计较。然后，蜂鹰夫妇又去收割大自然的馈赠。

蜂鹰是怎么找到蜂窝的呢？

黄蜂不光把城堡悬在高处，也会在地下建立帝国。蜂鹰在林中仔细观察，然后追随往返的工蜂，找到蜂巢的所在。蜂鹰头上长着致密的鳞片状羽毛，能保护它们免受工蜂蜇咬；长长的趾甲可以撕开蜂巢的外壁、扩大地面的蜂巢入口；而细长的头颈有助于它们够到深处的蜂巢。观察表明，蜂鹰会根据声音来判断地下蜂巢的准确位置，然后从垂直距离最近的地面开始挖掘。实验室研究还表明，蜂鹰有着良好的嗅觉，或许也有助于找寻蜂巢。蜂蛹的蛋白质含量很高，因此雏鸟发育迅速。大约40

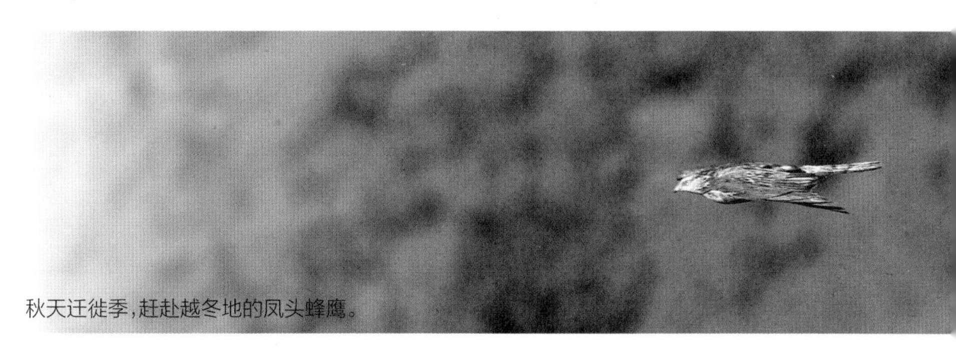

秋天迁徙季，赶赴越冬地的凤头蜂鹰。

天后就能顺利离巢。再经过一段时间的喂养，蜂鹰幼鸟就能熟练掌握捕猎技巧，在林间自在穿梭。秋风起，蜂鹰又要开始新的征程，前往东南亚过冬了。

它们的旅程，依旧艰难

秋天的东北风让万里征程有了较为轻松的开始。朝鲜半岛和日本的蜂鹰顺着风，轻轻松松就跨过了800千米的东海。在我国东北和俄罗斯繁殖的蜂鹰，也有一部分顺着风从大连直接渡海，飞到对面的山东长岛。因此，大连的老铁山和山东的长岛每年秋天都有大量的猛禽汇集，是国内著名的猛禽观测点。

日本的研究表明，蜂鹰要花51—79天的时间才能抵达越冬地，迁徙距离最远超过12 500千米。这些蜂鹰经由中国内陆抵达东南亚，再从马来半岛分散至加里曼丹岛及其周边岛屿。迁徙之路本就漫漫，无数的艰难险阻在等着它们。更何况还有人类的伤害。

历史上，人类对猛禽的捕杀极其严重。尤其是在迁徙要塞上，猛禽大量聚集，正是捕杀的好时机。旅顺大连地区，1979到1980年间出口雕翎（大型猛禽的尾羽）6.7万对；山东长岛，1980到1981年间收购猛禽2.5万多只，猫头鹰2万只以上；1981年仅老铁山一个地方，一季捕杀猛禽达15 949只。

庆幸的是，这些触目惊心的数字已经成为历史。如今中国所有的猛禽都是国家二级及以上保护动物，长岛和老铁山也已经是专门的保护区。但是，保护之路还很遥远。非法捕杀、贩卖、饲养、食用猛禽的现象从来都没有停止；各种猛禽标本也一直在制作、流通，并受到"成功人士"的追捧。而且，枪声还在。南下的蜂鹰在好奇地俯瞰某些山岭时，伴着枪声，飞羽迸溅，它们飘飘荡荡地栽向了养育自己的大地。

北海冠头岭是我国广西的一个猛禽迁徙集中地，每年秋天有大量猛禽经过。据山上的志愿者反映，枪一响，对面山头的猛禽就从空中坠落。有的猛禽滴着血从头上飞过；有的猛禽飞羽缺失了一部分，仍然在顽强地飞。

蜂鹰由于体形较大，成了盗猎分子的首选目标。仅在2017年10月19日这一天的下午，不到一个小时内枪响了7次。但由于盗猎分子有枪，山上的志愿者除了报警什么也做不了；而且这里地形崎岖，往往等警察赶到，盗猎分子早已不知所终。很多时候，盗猎分子只需把枪往草丛中一藏，就摇身一变成了无辜路人，然后皮笑肉不笑地看着志愿者和警察白忙活。

打击盗猎唯一的办法就是引导越来越多的人关注猛禽，让越来越多的爱好者和志愿者加入进来，占领那些藏着盗猎分子的山头。只有这样，猛禽才能平稳飞过。这就是“美境自然”一直做的事。

尾声

鹰之河，美丽动人。但万里长征艰辛、残酷、悲壮。

加里曼丹岛，多美的名字！那里四季常青、鲜花盛开，可惜并不是所有的蜂鹰都能安然抵达。

热带森林到处都是嗡嗡作响的蜂巢，里面塞满了肥美的蜂蛹和白嫩的幼虫。但很多蜂鹰从来都没有机会品尝，也永远不会有机会了。

后记

中国共98种猛禽，包括鹰形目、隼形目和鸮形目，也就是民间俗称的老鹰和猫头鹰。撇去鸮形目，共66种。凤头蜂鹰不过是其中一种，因以蜂蛹为食，也会有人将之讥为“假猛禽”。自然于它，甜美又残酷。但若年年都能飞越万里长空，对它而言，就是最大的平安。又是一年春季迁徙季，我们共有的春天，希望也能成为它们新的开始。

人与猛禽最好的距离，不就是隔着长空，它在飞越，我们在欣赏？那也是我们与天空最近的距离。

曾经，
我与黑熊在悬崖下狭路相逢

李晟

在西南山地行走多年，我近距离见过许多动物。

比起被羚牛、牦牛或犏牛撵在屁股后狂追，更让我肾上腺素急速狂飙的是——一抬头，一头黑熊迎面走来！那个瞬间，一种清冽的感觉发自灵魂，直冲天灵！

或许是曾经听过太多关于黑熊的惨剧：某地某人被黑熊一掌扒掉了半张脸，某地某人被黑熊一口咬断了胳膊，又有某人路遇黑熊结果只剩下了半条命……所以，当我一个人在老河沟的小路上与一头黑熊在悬崖下转弯处狭路相逢时，汗毛倒竖的我脑子里冒出的第一个念头是：完了，今天一个人出来的！这里没手机信号！待会儿要是伤到走不动了怎么自救？随后，第二个念头：哎呀，今天怎么没带相机?！这么近的距离，标头都得暴框！

——一名野外工作者"自觉"的纠结

你脑海中的黑熊长啥样？

说起黑熊，生活在都市的年轻人和小朋友，可能最先想到的就是《熊出没》中的熊大、熊二兄弟：时而憨笨，时而机智，在动画片中与超级大反派光头强斗智斗勇、相爱相杀。

而年纪稍长的一代，可能想到的却是儿时看过的儿童故事读本里描绘的那个一路掰、一路走、一路丢的熊瞎子：整个一呆头呆脑、又憨又傻的掰玉米"笨熊"形象。

短粗的身体，圆圆的脑袋，小小的眼睛，略显蹒跚的步伐，黑熊的整体形象跟威猛、俊朗、呆萌全都扯不上关系，反而常常给人一种呆笨、迟钝的感觉。这或许就是“笨熊”形象的根源。在各种各样的儿童故事中，黑熊大多数时候也总是一个受气包或愚笨可笑的角色。因此，在我们的口语中，“熊样”是一个不折不扣的贬义词。

野外真实的黑熊是这样的吗？

先来个标准侧面全身照！粗壮矮胖的身材配上小小的基本上看不清在哪里的两只小眼睛，也怪不得人们仅凭观感就给它树立起了笨熊的“熊设”。

正如“人不可貌相”，真正了解了现实世界中的黑熊之后，你会发现，“熊也不可貌相”乃是同样的真理。

黑熊。

现实世界中的黑熊，行动敏捷、感官（尤其是嗅觉）发达、聪明机警，在森林生态系统中是威风凛凛、无人敢惹的角色之一。“呆笨”的外表下，隐藏着一个充满力量、智慧、忍耐力，但却略显悲情的“真我”黑熊。

大家所熟知的中国的黑熊，也被叫作亚洲黑熊。它还有一个远在太平洋彼岸的美洲表兄，也被俗称为黑熊。虽然长相类似，但这哥儿俩却是不同的物种。

分布在欧亚大陆的被称为亚洲黑熊，亚洲黑熊的胸口有一个清晰的月牙形白斑，因此，亚洲黑熊也被叫作月亮熊或月熊。分布在北美大陆的被称为美洲黑熊，它的胸前没有白色。美洲黑熊面临的人类威胁和压力远小于亚洲黑熊。

真相一：黑熊是“十项全能”的吃货

在分类上，亚洲黑熊属于食肉动物，但它们的食性，却与纯粹吃肉的猫科动物相差甚远。就吃东西的策略而言，黑熊是碰到什么吃什么的机会主义者，算得上一个不折不扣的吃货。

虽然黑熊偶尔也会捕食其他的兽类、鸟类，甚至还会食腐，但在它们的食谱中，植物性的食物却占了相当大的比例。浆果、植物嫩芽、树皮，都是它们食谱上的常客。在温带的森林中，一些乔木的坚果，例如橡子、板栗、核桃等，是秋季时黑熊的主要食物来源。它们需要吃下大量坚果，储存足够的能量与脂肪，以熬过随之而来的漫长寒冬。

冬季，天气寒冷、积雪深厚、食物匮乏，黑熊便会躲到一个避风、温暖的树洞或岩洞里，进入冬眠的状态，把自己的活动和能量消耗降低到最低水平，一直等到来年的春季才出洞觅食。

时间已近隆冬，但这头黑熊仍未入洞冬眠，而是在飘雪的冬夜在外游荡。谁说只有人是吃不饱肚子就睡不着觉的？

真相二：看似笨重，却是天才爬树能手

虽然身躯看似笨重，但黑熊却生有强壮的四肢和锋利的爪子，是天生的爬树能手。

尤其是秋季，采食乔木坚果时，它们不是蹲在树下仰天守望，等着果

实掉落在地上才去捡食，而是直接爬上树干，粗暴地把结满果实的枝条直接掰断或咬断，把树上的果子统统收入腹中。而那些被啃完的断枝，则被它们随手垫在屁股下面，形成一个个类似超大号鸟窝的“树巢”。

这些“树巢”被黑熊研究者称为“取食平台”，是亚洲黑熊特有的一种痕迹类型。在落叶阔叶林中，等到秋季树叶全部落完之后，这样的取食平台往往非常显眼。有黑熊分布的地区，能否见到这样的取食平台，是野外研究人员判断这里是否有黑熊活动的重要依据。

黑熊是爬树能手。

林子里，黑熊是留下活动痕迹最多的动物之一，无论是痕迹类型还是数量。由于它们壮硕的体形和独特的行为模式，这些痕迹往往非常容易发现，而且易于识别鉴定。

除了爬树吃果果之外，搜寻蜂巢、挖食蜂蜜也是黑熊爬树的动力之一。黑熊对于甘甜的蜂蜜有着分外的迷恋和执着，一旦发现哪棵树的树洞里有野蜂巢，就一定要把里面的蜂蜜搞到手，否则誓不罢休。

因此，我们在野外也能经常见到黑熊留下的另一种取食痕迹，就是它们挖掉蜂巢之后留下的一片狼藉。在黑熊的粪便中，有时，还能见到与含蜜的蜂巢一起被吞下去、还没有被消化完的一只只蜜蜂。对蜂蜜的痴迷，还会让黑熊有时铤而走险，潜入林缘的养蜂场，扒开人工饲养管理的蜂箱来大快朵颐。由此引发的人兽冲突，让养蜂人总是对黑熊恨得咬牙切齿。

真相三:黑熊一直小心翼翼地躲着人类

这十多年来,我们在西南地区的红外相机调查中,拍摄到黑熊的地方并不少,基本上各个调查过的自然保护区都曾有过记录。但在每个自然保护区拍摄到的次数却不多。

在后期整理、分析这些数据时,我们发现了一个有意思的现象,就是在每个拍摄到成年黑熊的红外相机位点上,一旦黑熊出现过一次之后,就极少能够再次记录到它们的身影。而且,每次留下的影像极少,绝大部分仅有一张。只有少数几次拍摄到幼年熊崽时,它们会有些好奇地盯着相机端详,留下了比较多的照片。

看起来,黑熊是分布很广的动物,但是成年的黑熊似乎都在刻意躲避着我们的红外相机,躲避着所有有着人类印迹的物件。这是怎么一回事呢?

这里,我们就需要求助于当地人的经验与说法,学者们称之为"土著知识"。通过访谈我们了解到,黑熊这个物种实际上长久以来一直承受着非常高的捕猎压力。熊胆和熊油是名贵的传统中药材,熊皮是名贵的皮草材料,而熊掌又是名贵的传统食材,为著名的"山八珍"之一。因此,黑熊常被视为浑身都是"宝"。这导致它成为偷猎者垂涎的目标。直接枪杀、设陷阱扑杀,以及用毒饵或土制炸弹诱杀,是偷猎者捕猎黑熊的主要手段。

对黑熊及黑熊制品的盲目追求催生了涵盖非法偷猎-运输-交易-消费的地下产业链。每年,我们都可以在新闻报道中见到被查获的类似案件,但这仅仅是庞大的地下市场的冰山一角。

我们可以想象,目前能够在山林中幸存下来的黑熊,都是极富有"反偷猎"经验、极其聪明的个体。求生的本能和侥幸逃脱偷猎者魔掌的惨痛经历,使得它们在山林中时刻保持着警惕、谨小慎微的状态。

因此，对于山林中出现的任何夹杂着人为痕迹或气味的物什，包括我们设置的红外相机，它们总是时时戒备、刻意躲避。这就是我们设置的红外相机对黑熊这个物种的探测概率极低的根本原因。

长期以来承受着来自人类的巨大捕猎压力与威胁，野生黑熊对人类的警惕与敌意不难理解。但即便如此，如果不是感受到近在眼前的威胁，黑熊在野外并不会主动攻击人类。“惹不起我还躲不起吗？”这是野外黑熊感觉到有人在附近活动时的首选策略。

在开头，我们曾提到过黑熊伤人的诸多案例，这些都是曾经发生的事实惨剧，但如果你去细究每一个案例的缘由与细节就会发现，几乎在所有的故事中，都是黑熊被威胁甚至攻击在前，而人类受伤在后。甚至，其中的一些人类受害者，就是在试图偷猎和捕杀黑熊时“失手”而被黑熊攻击。野生黑熊“危险而狂暴”的形象，是紧张的人－熊关系的投射而非肇因。

野生黑熊的悲惨遭遇和现状，乃是我国历史上丰富的野生动物资源目前所面临的困境和窘迫的一个极端代表。红外相机前黑熊的躲避，时时在提醒着我们，野生动物和生物多样性的保护，依然任重而道远。

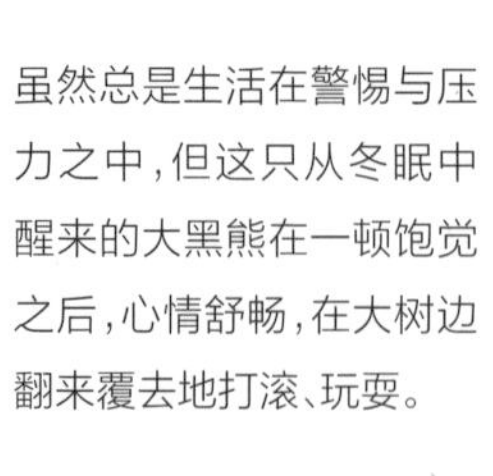

虽然总是生活在警惕与压力之中，但这只从冬眠中醒来的大黑熊在一顿饱觉之后，心情舒畅，在大树边翻来覆去地打滚、玩耍。

您好，
您的野生亚洲象余额已不足250头

张立

我追随大象的步伐已有20年，从一个在动物园后门偷偷看象的小男孩到亚洲象的守护者，我与大象有一个不说再见的约定。它们在哪里？还有多少？过得怎么样？今天我们来聊一聊中国大象的前世今生。

1996年，我初次接触动物保护。大学生绿色营第一次组织中国大学生远征白马雪山，去研究和保护一个叫滇金丝猴的濒危物种。我有幸参加了那次环保活动，记得当时滇金丝猴有100多平方千米的栖息地位于保护区外。为了不让外面的人砍树破坏金丝猴的地盘，我们扬言要把自己绑在大树上以示反抗，保护它们的栖息地。当时我们的想法很简单，要做保护，就不能乱开发，不能让野生动物的栖息地在开发的浪潮中消失。

动物园里的大象。

作者介绍

张立

北京师范大学教授，现任国际保护生物学会中国委员会秘书长、中国动物学会副秘书长、阿拉善SEE基金会秘书长。主要研究对象为中国野生亚洲象。在国内首次报道了亚洲象由于人类干扰而产生的行为适应性变化。

1999年我博士毕业的时候开始研究大象。我特别喜欢大象,因为大象在我印象里就是一种特别温顺的动物,递给它食物它会温柔地拿鼻子接住。小时候,北京动物园的后门有一个大窟窿,我读小学时就经常偷偷地钻进这个窟窿去象房看大象。

但是后来我发现,不光动物园有大象,西双版纳也有很多大象。而且大象特别听话,让它坐下就坐下,让它给你按摩,就拿脚帮你按两下。

西双版纳的大象表演。

上图中长牙的是公象,没有牙的是母象。其实公象的象牙是它的门牙,又叫门齿。亚洲象公象的门齿比较发达,母象其实也有象牙,只是门齿不发达,在嘴里有一点点,看上去就像没有长牙。

图片中的公象正在给母象献花,这头公象真有爱心,但是你发现没有,驯兽师手里拿了一根一米长的木棒,上面有个大铁钩。如果象不听话,他就用这个铁钩用力勾一下象耳朵后面最敏感的、神经最发达的地方。一勾象就听话了。

我发现,并不是所有的圈养象都过着舒服开心的生活,这些圈养的大象在人的奴役下,反复表演着一些不正常的行为。比如说一头四五吨的大公象,它永远不会自发地站上这样一个独木桥,因为它知道如果自己摔倒了,硕大的体形会导致自己受伤,极有可能会摔断腿。这样的表演和展示都不是它正常的自然行为。

所以我们很多时候在动物园里看到的大象和其他一些野生动物展示出的都不是正常的行为。

大象表演过独木桥。

目前，我国有近40个动物园和野生动物园共饲养了301头亚洲象。1999年，我博士毕业，发现我们国家居然没有一个团队在坚持研究中国的大象，而这种庞然大物已经濒危。

亚洲象在哪里？有多少？我们并不知道这些信息。于是我开始寻找大象，想要知道它们的分布、数量，还有它们究竟过得怎么样。

中国的大象在哪里？

实际上亚洲象分布在亚洲13个国家，在历史上我们的黄河一线都是有亚洲象分布的。河南在修水电站的时候，也在挖掘的过程中发现了现今亚洲象的遗骸。河南又被称为豫，它就有象字旁。经历了3000年人类的农耕和历史的变迁，现在只有13个国家有亚洲象的分布。

我们国家的亚洲象分布在哪里呢？我听说云南可能是亚洲象最后的分布区，于是1999年我就去了云南。在云南，我利用传统的方法进行调查，结果，一直找到了中国的边境，一头大象都没看到。

我们发现大象都从国界边溜达出去了。地上有许多象粪和痕迹，大象却去了邻国。糟糕的是，我们人过不去，这也是当时面临的困境。不能随便穿越国境，我们就到村里面去问情况。你们这里有多少大象？这个村说有5头象，再到下一个2千米以外的村子问，你们这儿有几头象？我们这儿有5头象。好，这个地方有10头象，对吗？

不对，因为大象的活动范围很大，它随随便便就走几十千米，两个村调查的数据不能简单地叠加起来，所以开始的时候我们真的不知道有多少头大象。

后来我们就走遍了中国历史上有象分布的地方，比如西双版纳、普洱、临沧和保山的德宏。我发现很多地方虽然曾是象的分布区域，现在却象踪难觅了。

高智商的大象有特别的社会关系

然后，我们在西双版纳发现有个地方特别容易看到大象，叫野象谷，于是我们就扎根在野象谷，在那儿建立了一个亚洲象的行为观测点。野

野象群。

象谷周围有一个三岔河，当地的保护区为了吸引大象来，就在河岸上埋了许多盐巴。大象为了补充盐分就经常到这里来。

最多的时候，我们见到过71头象聚在一块儿吃盐。经过长年累月的观察，我们发现原来大象是以家庭为单位出来觅食的。一大群象到了河岸以后，就分散成一个个独立的小家庭，由象妈妈带着象宝宝，包括没有成年的小公象一起构成了一个家庭群，并以这样的核心群体的方式分散觅食。

象群。

等大象取食完了，就由祖母也就是首领象，最大的一头母象，招呼集合，首领象发出集合的声音后，各个家庭群体又会再聚集，形成一个更为庞大的家族群体。

这个家族群体会一起去往别的地方找食物。如果几个家族聚合在一块儿就会形成一个氏族群体，它们一块儿走但不一定是亲戚，这是大象的社会结构形式，是母系氏族的社会，首领象都是最年长的母象。

公象去哪儿了？公象一般是独象，它们四处游荡寻找动情的母象增加繁殖的机会。

左独。

比如我们在野象谷发现的这头大公象，它左边有大牙，右边的牙可能是因为跟别的公象争夺配偶时被打掉了。所以我们给它取个名字叫左独。

2000—2007年在野象谷出生的小象可能都是左独的孩子，因为它最硕大、最强壮，一下子就把别的公象打跑了。到了2008年以后，左独忽然消失了，我们猜测它可能在和别的公象打斗时，受了很严重的伤，最后死在了野外。

根据这些象的象牙的形状、后背的隆起和耳朵的轮廓等，我们识别出了每个个体，并且给它们取了名字。当地保护区的监测人员根据它们的名字把它们划分成了不同的家族。

我们还发现了一件特别有意思的事，如果一些年轻的公象不够硕大健壮，不能像左独那样独霸一方，那么它们就会组建一个单身汉群体，然后在母象群周围来回游荡寻找交配的机会，想趁机取代像左独这样的大公象。

中国的大象也跨境

为了找到大象，给它们命名，我们动用了许多红外相机。

一些大象经常在晚上出来活动，我们就能通过红外相机拍摄到它们。2002年，我们从美国买回来10台红外相机放在西双版纳用于监测。有意思的是，除了大象以外，我们还拍到了很多其他野生动物。

我们组是最早利用红外相机监测野生动物的研究团队，通过红外影像了解动物后，我们发现在云南的西双版纳、普洱、沧源都有亚洲象分布。怎么在迁徙廊道上保护大象，成了我们后来长达10年的研究课题。

特别值得一提的是，由于西双版纳尚勇保护区与老挝接壤，所以那里的象群经常会跨越国界，我们称之为跨界象群。

而南滚河保护区与缅甸交界，缅甸那边的树都砍光了，没有适宜的栖息地，大象群就不再去缅甸了。我们发现原来栖息地对野生动物的重要性在大象这个物种上表现得尤为显著。

最后，通过20年的努力，我们发现中国的野生亚洲象只剩219—242头，数量如此之少！而动物园圈养的亚洲象有301只，所以，野外的亚洲象比动物园里面圈养的亚洲象还少。

100头象造成的经济损失年均过千万，为什么？

2010年，保险公司估算了大象在西双版纳造成的经济损失，大约是437万元。2017年达到了将近3倍，1253万元，并逐步在增加。100多头象居然在西双版纳造成了这么严峻的问题。

从2012年起，开始不断有大象踩人、伤害致死的事件被报道。在2016年的时候，有6个人被大象踩死了，给我们研究生做饭的一个野象谷的老板娘也是在野外下雨的时候偶然遇到大象，结果被大象踩死了。

我们想不明白，为什么我国只有250头大象，却依然会和人产生这么大的冲突呢？于是，我们就想解答这个问题。

栖息地不断被压缩

飞往西双版纳的飞机一落地，就能看到一望无际的绿色，让人心旷神怡。实际上人们看到最多的是橡胶树。

橡胶作为重要的工业原料，从20世纪60年代引入中国，在西双版纳从零开始一直种到现在，超过30万公顷。种植橡胶成了当地老百姓重要的经济收入来源，特别是在20世纪60年代，当地农民以此为主要的经济来源。

当时我还没结婚，去西双版纳的时候，当地人就说："张博士你来这儿找一个家里有100亩橡胶园的傣族姑娘，把她娶回家，你就可以天天在家收钱了！"

从橡胶树取橡胶。

这说明什么？说明橡胶对当地来讲是一个支柱产业，能为老百姓带来持续的经济收益。

大家都听说过普洱茶。传说普洱茶能够抗癌防癌，治疗胃病，于是普洱茶的价格就一涨再涨。实际上，普洱茶最主要的产区是在西双版纳的易武和象明这些地方。2000年以后，茶叶特别是普洱茶的价格迅速高涨，这也使得普洱地区开始大量地种植茶叶。

原来的普洱市并不叫普洱，历史上叫思茅，后来因为普洱茶实在是太有名了，普洱市委书记说，我们把思茅改名为普洱吧。因此，2007年，普洱县变成了宁洱县，思茅市变成了普洱市。这些都说明了一个经济作物对当地收入的重要性，甚至连市名都给改了。

我们找到了1975年的卫星遥感图片，当时中国还没有改革开放，我们在卫星图片上没有看到任何橡胶林，地面大多是普通的农田。因为普洱是亚洲象的传统分布区，水热条件特别好，当地的稻田一年能产三季稻。

到了1990年，中国改革开放第一个15年过去了，我们发现橡胶园增加了。不光如此，城市也扩大了，以前的思茅只有两条街，现在变成大城市了。

又过了15年，到了2005年，大面积的连片的橡胶种植地出现了，因为中国改革开放后30年的时间也是中国工业化快速发展的时期，橡胶作为重要的工业原料，其种植面积一增再增。

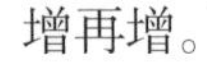

普洱茶园。

2015年以后，我们发现普洱茶种植面积增加了，这是因为普洱茶的价格上来了，而橡胶由于受到其他国家的制裁以及种植量过多，原材料的价格飞速下降，一吨原胶从三四万元跌到六七千元，老百姓就不再种橡胶了。但是普洱茶增值了，原来一坨原饼卖300元，到了2005年最贵的时候一坨原饼可卖到35 000元。什么东西值钱老百姓就种什么。但是这样的经济发展导致农民对当地的植被进行了改造，原始森林被大面积持续砍伐。

我们发现森林的持续减少与亚洲象分布区不断缩小和破碎化有紧密的关系。例如有一个地方叫芭蕉钦，那里曾经有很多野芭蕉，是大象重要的迁徙补给地之一。2010年之前，大象每年都从这儿经过，取食野生芭蕉。在2009年的时候，这儿搬来了3户11口人，把整个芭蕉钦改造成了农田，但是大象还从这儿通过，芭蕉不见了以后就吃老百姓的庄稼。

所以，我们认为这种持续的人类干扰造成了亚洲象的栖息地与农耕环境镶嵌在一块儿，直接增加了人和象的接触，造成了更多的人象冲突。

开阔的沟谷雨林是最适宜大象的生境。

如果人能看到象的需求，许多冲突便可避免

我们的研究发现，在西双版纳，最适宜大象的栖息地只占不到5%的面积。所以，稻谷成熟时，农田就自然而然成了大象的食堂。

因为农田的食物最容易获取，量又充足，大象就待着不走了。我们另外一个早期的研究发现，大象这类食草动物会季节性地循环利用食物；它们在一个地方取食一段时间后，当野生植物被吃得差不多时，它们就去别处觅食，边走边吃，这么来回往复，使得每个地点的植物都有机会重新生长恢复起来，这是食草动物循环利用植物的一个模式。

但是到了稻谷成熟的季节，大象就在农田边不走了。这是因为农田能提供适口性好、营养价值高的农作物。这实际上是动物对人类长期干扰的一种适应性行为，也是产生人象冲突的一个根本原因。

为了防止大象搞破坏，人们有时候会搭棚子防象，但是棚子都不经踹，大象一推就倒了。

除了搞破坏，大象还经常到老百姓家去找盐，这是因为野外天然的盐碱池在建造灌溉水渠后就自然消失了，大象在野外取食不到盐分，只能跑到老百姓家里去找。

大象到老百姓家找盐。

大象会吃铁锅和被子。因为铁锅里边有盐味，被子上面有汗味。大象在找盐时，会把房子弄出好多大窟窿造成损失。为了解决这个问题，我们在普洱的林地里修了两个人工盐碱池，埋了两吨盐，后来大象就不再去村里找盐了。

大象还经常去村公所捣乱，村公所门口种了两棵棕榈和禾本科类的观赏植物，而这恰巧是大象喜欢吃的东西。你把它种在院子里面，人家怎么会不来呢？

大象走上公路。

大象有时还会走上公路，这是因为在修公路的时候没有注意大象迁徙的通道和路线。不过，我们只要找到别的办法让它绕道就可以了。

所以我想说的是，动物研究看似遥远，其实和人们的日常生活是息息相关的，我们只有了解动物才能在必要的时候避开它们，不与其发生冲突。

有些时候，人的态度会决定象的态度

有个小故事必须得讲。当地有两个寨子，一个叫上寨，一个叫波额。上寨，老百姓视大象为吉祥物，所以大象到了上寨后不会受到任何的干扰，轻轻松松地走田埂路穿过村子。但是波额就不是这样，这个村的村民一见到大象就敲锣打鼓想驱赶大象。结果大象一害怕一紧张就乱踩稻田匆忙逃跑。

很多人都说这是因为大象有灵性，如果保护了就不会给人捣乱。但其实不是这样，只要人们不吓唬大象，大象就会好好走自己的迁徙通道，不破坏庄稼。所以这还是和人的驱赶有直接的关系。做了行为研究以后就发现，所谓的灵性没那么玄乎，只是人造成的结果罢了。

1988—2016年这28年间，有68个人被大象踩死，320个人因大象受伤，农业损失超过300亿元。在这么边远的地区居然有这么严重的人象冲突，而且这个矛盾还在加剧。然而，大象被人杀死的事件也很频繁，28年间有80头大象被人杀害，而大象是国家一级保护动物。

除了拍到大象，我们还意外地拍到了一只印支虎，因此还上了美国的《科学》杂志，受到了关注。我当时的研究生冯利民也想追踪这只老虎做科学研究，结果呢？2009年7月，这只西双版纳最后的老虎被两个村民打死了。人兽冲突无处不在，无论是大象还是老虎。

其实老百姓和大象的矛盾已经达到了一个很难调和的地步。在普洱，一户人家的柴房上写了这么几句话："记者采访不见钱，象灾一年又一年，何日等到圣旨到，宰了大象好过年。"

这说的是，许多记者来采访村民人象冲突的事儿，但从来不给钱；象灾每年都发生，但是"圣旨"是大象是国家一级保护动物动不得；老百姓盼望着哪天可以等来新的规定，可以干掉大象，解决困境。

保护工作怎么做？找平衡

过去十年，我们一直都试图在老百姓的生计需要和濒危物种保护之间找到一个平衡点。我们帮助村民获得小额信贷，帮助他们寻找替代的生计，种植大象不喜欢吃的东西；去学校宣传大象的生态知识，告诉小朋友大象攻击前的一些征兆和行为。

我们还有扶持项目，包括巡护，并且建立中国和老挝边境的跨国界保护区，把仅存的大象适宜栖息地连接起来，现在中国和老挝边界上有220多千米长的边界线被划成了跨界保护区域。

保护区内丰富的农产品能为当地社区的老百姓带来持续的收益，例如大红菌、有机蜂蜜、生态大象游，这都是生态系统给我们带来的服务、功能与价值，是可以被衡量的。

实际上"绿水青山就是金山银山"并不是一句空话，因为一个可持续、健康的生态系统能够为老百姓带来长期、可持续的收入和经济效益。所以我们希望建立一个生态系统服务的有偿机制——开发和利用大自然的资源是需要付费的，这样就可以防止大自然资源被肆意滥用，并能为保护区的维护筹集持续的资金。

为什么看到头野猪都要激动得大呼小叫？我只能说，你不懂

孙戈

野猪可能是我们最早知道的野生动物之一。

从《黑猫警长》中偷吃红土的悍匪，到《幽灵公主》中守卫森林的勇士；从中国古代鲜卑、契丹、女真等各彪悍民族顶礼膜拜的战神图腾，到古希腊传说中几乎每一位英雄在封神之路上都要战胜的终极挑战……到处都有野猪的踪影。

日本的猎户喜欢以野猪为名，北欧的武士将野猪的形象刻在盔甲之上，甚至清太祖努尔哈赤名字的含义都是“野猪皮”。

在家猪沦为懒惰愚蠢的代名词时，野猪的形象从古至今却从未改变——暴力、勇武、莽撞。

猎人们会告诉你：一猪二熊三老虎。宁可遇到熊和老虎，也不要正面硬碰一头受伤发疯的野猪，因为它缺乏老虎那样的谨慎和理智，而且由于身上蹭满泥浆，好像披了一层装甲。

每年都会有野猪袭人的血腥新闻见诸报端，我还清楚地记得上学时老师向我们讲述他在东北调查时如何通过暴起大叫吓退了与他不期而遇的“独猪”。

展示古希腊英雄赫拉克勒斯与野猪打斗情形的雕像。

作者介绍

孙戈

热爱野外。硕士就读于北京师范大学生命科学学院野生动植物保护与利用专业，在西双版纳研究公路对亚洲象及其他动物类群的影响；博士就读于北京大学生命科学学院动物生态学专业，在吉林汪清县研究森林结构对虎豹及其有蹄类猎物的影响；目前就职于全国鸟类环志中心。

总之，多年的耳濡目染，使得野猪俨然成为我内心最恐怖的存在。因此，当我在西双版纳第一次与一头野猪正面偶遇时，内心的恐惧可想而知！

那是一个雾气弥漫的早上，脚踩在湿湿的地面上，毫无声响。我独自漫步在林中，几米之外便是茫茫白雾。突然一个灰色的身影从对面的雾中显出轮廓，我以为是谁家散放的水牛，没有在意，等到轮廓逐渐清晰时，我才发现是一头野猪！

它也吓了一跳，昂起头惊讶地望着我，抬起的一条前腿静止在半空。南方的野猪与北方大部分地区的野猪是不同的亚种，长相截然不同：身材苗条高挑，没有厚实的毛发，再加上灰色的身体和棕色的鬃毛，乍一看更像非洲的疣猪。

我的大脑飞速转动："如果它朝我冲过来怎么办？是往竹丛中跑还是绕着树转圈？或是冲它大叫？或者，应该先拍张照片？"

想到这儿，我开始慢慢把手伸向相机……结果一看到我动了，它倒先转身朝山下跑去，留下一串沉重的脚步声。有了第一次接触，以后再遇到野猪，我便没有那么紧张了。

我们在西双版纳的林间空地夜宿时，野猪群就在周围哼哼着也准备入睡。我们在吉林的栎树林和榛子丛中穿行时，野猪群有时也在不远的地方觅食，不时会听到它们彼此联系时发出的呼噜声以及翻拱地面寻找食物的沙沙声。

唯有一次我陷入了真正的恐慌，那是在重庆开县的雪宝山自然保护区，我独自走在一条山间小路上，突然左前方灌丛中传来野猪愤怒的咆哮……此时我左边是难以攀爬的山坡，右边是悬崖，心想如果它们从山上冲下来，或哪怕要和我在小路上"会车"，我该如何躲避？

为了避免突然遭遇，我不停地轻声说话，以便向野猪表明我的位置，以及我所属的物种……不久，我听到灌木丛中传来了野猪群离开的嘈杂脚步声——尽管占据数量和地形优势，它们还是选择了和平。

通过这么多次的近距离接触，以及后续的基于自动相机和痕迹追踪等方式的观察，野猪真实的生活状态逐渐浮现在我们面前。

一头母猪和它的孩子们，小野猪出生时长满纵纹，这样是为了伪装。长大后条纹会褪去。

做猪要保守

在所有偶蹄目动物中，野猪的体型可能是最原始的——既没有进化出犄角，也没有适于奔跑的腿脚，甚至连偶蹄目最引以为傲的反刍功能都没进化出来。

它们的体型和偶蹄目的祖先一样是矮胖圆筒状。即使在猪科中，野猪的体型也是最原始的——没有鹿猪那夸张的獠牙，没有疣猪和其他亚洲野猪那满脸的疙瘩，也没有红河猪那鲜艳的颜色。

但是，保守就意味着不特化，不特化就意味着广泛的适应性，以及与之相伴的超大分布范围。

历史上，野猪广泛分布于欧亚大陆和周边岛屿，它们甚至沿着尼罗河一路南下穿越撒哈拉沙漠到达非洲腹地的苏丹南部。

因为腿短容易被雪埋，它们的分布北界止于北欧-西伯利亚的深雪线；由于没有高超的消化能力和适于长途迁徙的苗条体形，它们也没有占据分布范围中心地带的高原、草原和荒漠区。

除此之外，只要是能长树、雪不深的地方，都有野猪生存。广泛的分布延伸出复杂的亚种分化。学界对于野猪究竟有几个亚种众说纷纭，但大致可分为四大家系：

(1)欧洲-中亚支系，最没有特点的野猪，没有纹，也几乎没有鬃；

(2)东亚支系，脸上有一条白纹，从嘴角斜向下延伸到脖子；

(3)南亚支系，又叫“冠猪”，因为体表没有厚毛，好像裸着一样，但沿着整条脊背延伸的鬃毛却格外发达，兴奋时还能高高立起来；

(4)印尼支系，又叫“带猪”(因为命名人觉得它鼻梁上那条白带纹很有特点，其实大陆很多野猪也有)，和南亚支系很像，但体形小得多。

逐坚果而居的森林挖掘机

野猪由于不会反刍，消化不了草叶，因此主要取食树上掉落的果实、林下长出的蘑菇，以及埋在地下的块茎块根等，也取食其他动物的尸体

野猪对泥坑极其喜爱，即使在冬季也要拱开雪层在里面滚一滚。

甚至直接捕食活的小动物（比如蚯蚓和蜗牛）。

因此，野猪对森林——特别是老年的成熟林，有高度的依赖性。在这些森林中行走，经常会遇到野猪拱开翻起的土壤。而所有树种中，与野猪关系最紧密的是壳斗科的栎树和青冈。

在秋季，它们结出营养丰富的橡子，为野猪等动物提供一次“长秋膘”的绝佳机会。橡子的产量有大小年现象，每隔几年至十几年会有一次橡子大年，此时野猪会全部聚集到栎树林中大量进食。

橡子。

我在吉林时就赶上一次蒙古栎的橡子大年。在此之前，我很少见到野猪，但在那一年秋季，只要深入到栎树林中，平均一周能遇到两次。相应地，每隔几年也会有一次橡子小年，橡子基本绝收，此时是野猪最难熬的时节，它们只得分散到林中，寻找其他营养价值低或更难取食的果实。

榛子。

榛子就是绝佳的替代食品。此外，榛子丛还有一大优势——与栎树林的通透开阔不同，榛子丛密布两三米高的枝条，除了提供食物，还为野猪提供了隐蔽场所。

栎树生长在排水良好、光照充足的山顶陡坡，而榛子密布于阴暗湿润的谷底，因此在不同年份，野猪的活动模式也截然不同。

此外在亚洲东北部，该区域特有的红松，其巨大的松果无论营养价值还是适口性都远超橡子，而且其大小年时间与橡子互补，抵消了橡子大小年对动物的影响。

可惜的是，红松只生长在成熟林中，现已濒临绝迹。依食物丰富度和季节的差异，野猪的家域面积从200至15 000公顷不等。其中冬季由于深雪的限制，家域面积最小；而秋季由于果实分布的不均匀性，野猪要四处游荡寻找果树，家域面积最大，有时为了寻找一片结果的栎树林，可能会长途跋涉150千米。

树林中翻拱落叶堆觅食的野猪。

野猪不但依赖着森林，也反作用于森林及其中的野生动物。野猪的觅食活动一方面破坏了林下的植被并将某些植物的根系暴露在外，改变了植物群落的组成；另一方面，翻动的土壤也有利于养分循环和有机物降解，更利于植物生长。

此外，由于野猪不能反刍，消化率低下，许多果实的种子会完好无损地被野猪在其他地方排泄出来，因此野猪帮助了果树繁殖和扩散。

野猪有时还会直接取食尸体，在北方森林中担任了清道夫的角色。此外，当野猪翻拱土地时，背后总会跟着红嘴蓝鹊、松鸦、乌鸦等鸟类，一起从野猪翻起的土中捕食昆虫等土壤动物。

数量翻个倍不是问题

野猪在野外的寿命可达12年。此外，它还是繁殖率最高的有蹄类，每胎4—6只崽，最多时12只崽。在没有天敌制约时每年种群数量可以增加150%！

野猪社会的基本单元是母女——一头母猪和她的女儿们，有时还有外婆。新生小猪长大后，雄性会扩散出去，而雌性并不都是立即离开母亲，而是一直跟随在身边，并帮助抚养弟弟妹妹。

一般来说，年轻妈妈的女儿们在断奶后仍会留在母亲身边，而年老的野猪妈妈的女儿们，很多会在一断奶后就一起离家——不是一个个走，而是要留就一起留，要走就一起出去闯。

野猪是没有领域性的，所以几个野猪家庭的家域可以重合，有时几个有亲缘关系的母女组合会结成更大的群体。

野猪群在英语中有个专门的单词——Sounder（发声的东西），因为猪群在移动时会不停地哼哼唧唧，彼此联系。在橡子大年，一个猪群会分散到直径几百米的范围内分头取食。

一个野猪家族。

公猪年轻时也会组成单身汉群体一起活动，年长后便会独行，即使有个旅伴，也是没几天便分道扬镳。只有在每年冬季的繁殖期，公猪才会寻找母猪群交配，或者和其他公猪血肉相搏。

我国的纯种野猪寥寥无几

作为一种既能生又能打还不挑食的有蹄类，野猪目前不但没有灭绝之虞，而且还被引入到美国、澳大利亚和大洋洲的岛屿上造成生态灾难。但在其欧亚大陆的原产地，由于人类文明不断蚕食荒野，野猪不得不学习如何在人类主宰的世界生存。

例如德国首都柏林就以野猪众多闻名：这里的野猪为了避免与市民发生冲突，甚至会忍住诱惑，避开近在咫尺的农田，反而躲在市区的森林公园内只吃自然食物。

同样，波兰克拉科夫市区的野猪为了适应都市生活，也将活动时间局限在半夜，并且对周围的行人和车辆更加容忍。在英国甚至有专门的组织帮助人们学会如何重引入这个国家的野猪并且与之和平共处。

但在中国，野猪面临的是另一种威胁——和散养家猪杂交。

事实上，在中国大陆，已很难找到100%纯种的野猪了，大部分自动相机拍到的野猪都带有家猪的特征。纯种的野猪前半身的比例高于后半身，而且肩膀高高隆起，呈肌肉强健的“倒三角”体态；而家猪为了长肉，后半身比例大于前半身，身体呈长条形，没有隆起的肌肉。

现在大部分地区的野猪或多或少都有些长条形的体态。

老猎人们则有自己的判断依据："看猪群留下的足迹链，走路时排成一列鱼贯而行的是纯种野猪，而散开毫无队形可言的则是杂种野猪。"

近些年，一种新的威胁席卷欧亚大陆——非洲猪瘟。这种噩梦病毒始于欧洲，并从家猪传入野猪种群造成了野猪大量死亡。研究表明，野猪虽然不会直接取食刚死的同类尸体，但会在同类尸体下翻土，取食腐烂尸体滋养的植物和菌菇，因此也会被传染。

有些国家为了预防非洲猪瘟，曾考虑大量猎杀野猪。但这样对野猪数量会造成大幅的人为减少，也大幅降低了野猪种群中突变出非洲猪瘟抗体的概率，同时还会对当地食物链造成毁灭性的打击。

目前各国野生动物管理部门正通过严查猪肉流通途径等方法防止该种传染病进入各地的野猪种群。

最好的视而不见

我至今仍记得在吉林的某个秋高气爽的中午，我和向导坐在山顶一棵倒木上休息聊天。面前的栎树林中忽然传来一阵哼哼，一头野猪慢腾腾地爬上山坡。我和向导没有停止聊天，它也没有在意我们，就那么哼哼唧唧地从我们面前走过。

我不知道当时为何那么镇定，但是我、当地向导，还有野猪，当时的状态应该就是人类与这种勇武顽强的动物及其代表的阔叶林生境应有的状态吧。

秋日阳光下无忧无虑地玩耍的小猪。

中华鬣羚：原来你是韭菜味儿的黑社会老大

宋大昭

卧龙是个神奇的地方，我与很多动物的近距离接触都发生在这里。

那天晚上我和鹳总开着车差点撞上一头大水鹿后，我就固执地相信在我们车灯光照范围外所有的黑暗中都有野生动物。

然而，当那只鬣羚忽然出现在车前时，我却没看到它。当时我坐在副驾驶位，正用手电照右侧的山坡，看看树丛里是否有发亮的眼睛。忽听得鹳总急促地小声喊道："快、快、快，前面、前面。"

鬣羚。

伴随着一脚刹车，我看见了车前10米处的这头大牲口：上半身的背毛在车灯照射下又黑又亮，下半身棕黄，头上两根小短角，脖子上有一溜长长的灰白色的鬃毛，居然是一头健壮的鬣羚啊！

鹳总熟练地向左打了一把方向盘，让我从窗口伸出相机。然而这头鬣羚紧张了起来，它先是想扭头回到山上去，可这个位置的山坡很陡，而且有水泥砌成的路基墙（就是用来防止山坡滚石的那种），它跳不上去。于是它跑动起来，横穿马路打算跳到河里去，这也是我们遇见它时它正打算做的事：去河里喝水。

不过这里的河岸也很陡峭，它跳下去会有摔断腿骨的危险。它改变了主意，站在那里犹豫了一会儿，这给了我用相机瞄准它的机会。

然而它距离我实在太近了！当时我的镜头对焦距离设定为6米到无穷远，然而它距离我只有5米。

红外相机拍到的大家伙。

我在相机的取景器里能看到它潮湿的鼻孔呼出的热气，但就是对不上焦！鹳总在旁边骂我："怎么还不拍！"

红外相机拍到的水鹿。

我无奈地放下相机，对鹳总说："咱们下去活捉它吧。"我们看着这头大牲口开始沿着河堤往前跑，就开车慢慢跟着它，并找机会按两下快门。跑了几十米后它终于找到一处平缓的山坡，跳上去消失在密林里。

后来鹳总说："我当时真是傻了，为啥不掏出小数码拍两张呢？"

后来鹳总又说："真大，昂首挺胸，看上去比水鹿还大。"

中华鬣羚：牛科，鬣羚属，广布于中国的中部和南部。从青藏高原海拔4500米的森林边缘直到华南低海拔丘陵带，都能找到这种威风凛凛的大牲口。

中华鬣羚（后面还是简称鬣羚）其实并没有水鹿大，它的体重大约200斤，大水鹿则会达到500斤。它是比较典型的森林型有蹄类动物，活动范围不会超过森林很远。和比它小一号的斑羚类似，鬣羚并不像其他大牲口那样集大群，通常都是单只活动，偶尔也会出现两三只的疑似家庭单位。我并不确定几只鬣羚一起出现时它们的关系，有些画面上很显然是母鬣羚带着幼崽，但有些的年龄大小看上去又差不多。

其实我最早了解到这种动物还是在江西的宜黄。当红外相机里出现鬣羚时，我们不禁欢呼雀跃起来。在中国，鬣羚被长期叫作苏门羚，但中华鬣羚和苏门羚其实是两码事。

我们发现鬣羚并不像民间传说的那样只喜欢在陡峭的山坡上活动，事实上我们在宜黄拍到的鬣羚和水鹿活动的区域重合度很高。在过去，当地的华南虎一定也会捕猎这种肉不少的大猎物。然而现在华东、华南地区的鬣羚已不多见，想要看鬣羚，还得去西部。

在四川的卧龙和唐家河保护区，斑羚相对更容易看到一些，鬣羚则要碰碰运气。但是到了青藏高原，遇见鬣羚的概率就高了不少。

我们在四川甘孜和若尔盖地区跑山的时候经常与鬣羚打交道。在林子里，这家伙的粪便特别容易发现：灰色的大颗粒，一拉就是一大堆，而且会反复拉在一个地方，一些崖壁或大石头边上常会有鬣羚的大粪坑。鬣羚粪便的颗粒比较大，和水鹿的粪便很容易区分，看上去颇为符合牛科大牲口的气质。事实上鬣羚看上去也很粗犷：头大体短脖子粗，四条腿又粗又长，比起灵气的鹿科动物来说就像是个混黑社会的。

红外相机前的鬣羚。

大块头也喜欢晚上出来溜达。

鹳总和鬣羚比较有缘。有一次在甘孜州新龙县拍片子时，旁边一个老人家指着山坡对我们说：“鹿子。”于是我们看到很远的山上有头鬣羚在吃草。用望远镜看了一会儿，我们没了兴趣，只有鹳总还在看，然后他忽然大喊大叫起来：“狼、狼、狼！在追它！”我们赶紧再去看，却已经什么都没了。鹳总描述：一只狼从林子里窜出来，追着那头鬣羚跑下山了。

我们在那个河沟里碰到过一

头鬣羚的尸体，已经被吃了一半，估计就是狼干的。我们问同行的洛布降泽："那玩意儿好吃不？"他说："不好吃，一股韭菜味。"我们说："你肯定吃过！要不然咋会知道？"他说："不用吃就知道。"

我下到河里去检查，果然不用吃就知道：尸体上真的是一股刺鼻的韭菜味。然后我就想，可能只有重口味的老虎豹子才会吃这个东西。

红外相机数据显示，鬣羚白天晚上都会活动，晨昏和夜间活动比较多一些。我们有两次看到鬣羚都是在早上9点多的时候。有一次还是在新龙，我们坐在路边吃午饭，我忽然看到一只鬣羚就在我们背后的山坡上，距离我们50米都不到。我们一回头，它撒腿就跑，不过也没跑远，就在边上的树林里，我们用望远镜依然能看到它黄色的腿不时闪一下。

2016年10月的一天下午，我们在甘孜州白玉县察青松多保护区悠闲地溜达。这里有很多白唇鹿、马麝，还有雪豹、狼和棕熊。鹳总和明子跟着盔哥进沟去找白唇鹿，我和巧巧在河边找马麝未果后去找他们，却无意间走错了一条沟。我们来到海拔4000米左右时，林木已近消失。我找了一块平坦的草地，坐在石头边说不走了，咱们就在这儿等吧，看有啥动物会来看咱们。

这是个好地方，前面是一些稀疏的矮灌林，后面则是视野良好的高海拔山地草坡和岩石地带。一路上一直有小型猫科动物的粪便，搞不清是豹猫还是兔狲留的。我们停留的地方是动物上下山坡的必经之地，我觉得不错。

中华鬣羚的种群评估级别为易危（VU），国家二级保护动物。总体来说，青藏高原到甘肃、陕西一带的西部亚种种群数量较多，而长江以南的东南部亚种则没那么乐观。

然而在很长一段时间里只有一群白马鸡在我们前面溜达，一只不知是黄喉貂还是果子狸的东西追逐了它们一下，打破了一丝平静。太阳暖洋洋地照着，加上高原缺氧，我们不知不觉就坐着打起盹来。

也不知过了多久，我被一阵冷风吹醒，看到左前方不远处一只黑色的大动物正在吃草。我浑身一个激灵，赶紧招呼巧巧："有东西。"

我们安静地坐在那里，看着这只鬣羚。它个头不小，白色的鬃毛非常显眼。很显然，它也看到了我们，但它并没有太在意，依然在那里不紧不慢地边走边吃。

这只鬣羚就站在那里，我们看着它。

我很疑惑它到底是从哪儿钻出来的，看上去那片矮林完全没有遮挡，但我们刚才确实啥都没看到。然而这不重要，重要的是我们就这么看着它。

秋天的阳光依然暖洋洋的，高原的风清凉地吹着。在这空旷的山谷里，我、巧巧、一群白马鸡、一只鬣羚就这么各自待着。我们都是如此渺小，而我们和它们似乎并无多大不同。后来每当想及此情此景，便会不自觉地微笑起来。

后记

编辑此文时，正是王小波逝世20周年的日子。在短暂的一生中，他反复说，理性、智慧、趣味、纯真这些东西是极好的。而我们与自然相融时，离这些东西最近。

最迷人的猫，却有最恐怖的蹭脸杀

孙戈

冬季的重庆终日阴冷，因此这午后难得的阳光格外珍贵。我倚在栏杆上，背后的山坡下，孩子们正围着戏水的企鹅欢呼。在我的对面，干干正趴在木头上晒太阳，布满黑色云纹的茶色皮毛在阳光下灿烂夺目。时不时地，它会满足地打个哈欠，把嘴张开到骇人的角度，露出两颗与它体型不符的夸张大牙。

不久，大梦初醒的球球也从内舍走了出来，后脚刨地撒尿做完气味标记，便抬头看着树上的干干。展区的玻璃阻隔了声音，但我想它们此时会闭着嘴喷着鼻子友好地彼此问候吧。

干干见到室友醒了，便头朝下地从树上爬下，用后脚挂住一棵横木，以倒挂金钟的姿势挥舞前掌招惹地上的球球；后者则立起来反击，随着身体的每一次伸展，背后的黑方块花纹全部展开。

翻滚的球球。

在树枝间上下追逐了一段时间后，干干蹲坐回树顶，球球则对一棵桂树展开了无情的攻击——抱着树干，龇牙咧嘴地用脸颊疯狂摩擦枝叶；随后躺倒在满地落叶上来回翻滚，并仰躺着用前掌继续撩拨可怜的桂树。

云豹下树，注意它宽大的脚掌。

球球和干干是生活在重庆动物园的两只雌性云豹，也是中国大陆动物园最后两只云豹（此外在台北动物园还有一只德国来的雌性），甚至可能是云豹四川种群的最后一脉。

微型剑齿虎

云豹学名*Neofelis nebulosa*，属名意为“新猫”，属下只有两个种：亚洲大陆的云豹和2006年新独立的、分布于苏门答腊岛和加里曼丹岛的巽他云豹。

在所有叫“某某豹”的猫科中，只有它们和猎豹不属于豹属。但与大猫猎豹不同，头体长仅1米、体重仅10—20千克的云豹与豹属的关系非常近，同为豹亚科（大猫亚科）的成员，可认为是最小的大猫。别看个子小，云豹可谓最与众不同的猫科（没有之一）。

它们的短腿、宽掌、长尾全为高度树栖而生，尤其是它的后脚踝可以旋转180°，可以紧紧抱住树干，因此云豹可以头朝下下树（除它们外，只有亚洲的云猫和南美的长尾虎猫也有这项绝技，其余猫只能和家猫一样倒退着蹭下来），也可以倒挂在树上静候猎物从下方经过然后飞扑上去。等扑到猎物背上，云豹就要启用它的大杀器了——长达4.5厘米并且后缘像刀锋般锐利的上犬齿。按与头骨的比例算，云豹拥有现存猫科中“最长”的上犬齿，外形侧扁，有如砍刀。

大多数猫科动物杀死大型猎物的方式，都是从腹面用短粗的上犬齿压住猎物喉部使其窒息，而云豹那又长又窄的上犬齿则更适合切割而非压迫。

说到这里，您的脑海中恐怕已浮现出一种猫的图像——没错，它就是猫科曾经的战力之王，“大象杀手”剑齿虎家族。现在推测它们那两颗大牙是用于给巨型猎物放血而非将其窒息。

被云豹捕杀的猎物的伤口也与其他猫科不同：被虎豹捕杀的猎物，喉部会留下两个犬齿按压的圆形洞口。而被云豹捕杀的猎物，伤口出现在头部背面甚至后颈，据此可推测它们的捕猎方式和剑齿虎类似，用大牙捅刺脊髓或切断动脉。

无独有偶，云豹还有一个特征也与剑齿虎相同，那就是巨大的口裂。一般猫科动物由于下颌骨末端的冠状突无法从颧弓脱出，因此嘴只能张开到约65°。而云豹的冠状突较短，下颌骨可以完全从颧弓中脱出，上下颌可以张开到惊人的85°！

正是这近乎垂直的张嘴幅度，可以为上犬齿腾出足够开阔的攻击空

云豹打哈欠，注意嘴张开的夸张幅度，以及巨大的上犬齿。

健康云豹的满口牙齿，注意巨大犬齿和位于口腔后部的裂齿 。

间，不至于向下戳刺时被自己的下颌挡住。只有完全依赖上颌攻击而非双颌压迫的猎手，才需要如此大的张嘴幅度。云豹因此也被称为“微型剑齿虎”，但并不是说它和剑齿虎有很近的关系，只是两者趋同进化。

云豹绝对是动静判若两猫。明明长得岁月静好乖巧伶俐，可一旦动起来就张牙舞爪风度尽失。连猫科最擅长的卖萌杀——蹭脸蛋，都被它们演成了恐怖片。由于云豹的颊腺极其发达，而且位置特殊，因此在用脸颊做气味标记时，它们不会像其他猫那样闭嘴眯眼软萌蹭，而是必须做出龇牙咧嘴的表情。在蹭完脸后，还会紧接着在地上翻滚，留下更多的气味。

渐成传说的草豹

“我正走在山上，突然一只麂子就那么直冲我过来，我正奇怪呢，怎么这麂子不怕人，结果一看后面有一只豹子紧追不放。”

“金钱豹？”

“不是，就是草豹。我们这边一般说豹子就是草豹。”

野象谷的晚上微风习习，大家在饭后闲聊。

“那只麂子一看逃不脱，就围着我跑；豹子也追着它转圈。结果麂子和豹子就这么绕着我转！”

“这是什么时候的事？”我期望幸运之神有朝一日也会落到我头上。

“好多年前了。我就见过这么一次豹子。”食宿店老板最后略带遗憾地说。

2007年我来到西双版纳时，不管走到保护区周边的哪个村寨，问他们附近有什么动物时，一般都会回答：“什么都有！麂子（赤麂）、马鹿（水鹿）、野猪、老象……”

而当问到有什么食肉动物时，则一般回答：“只有草豹还能见到。”这里的草豹就是云豹在当地的俗称。有趣的是，虽然云豹的身体结构适合树冠活动，但西双版纳各地人的经验都是云豹偏爱在草丛中活动和捕猎。每位向导都会给我绘声绘色地讲述他们与“草豹”林中相遇的趣事，这种种迹象让我误以为，云豹在中国的境遇还不算凶险。但我完全忽略了自己正处在中国最富饶的栖息地之一，这儿也是中国野生动物的最后据点；也忽略了即使在13年前的云南，师兄放置的自动相机也仅在两个保护区拍到云豹。

直到前几年，“猫盟”等机构在全国各地布置自动相机寻找云豹的踪迹，大家才意识到云豹在中国已向南缩至云南、西藏等边境地带，离彻底在中国绝迹仅差一步。

德宏的云豹。

一般认为云豹分布的北界是秦岭，但其实长江以北的云豹记录很少，很多都是对花斑金猫的误判（但现在连金猫自己都境况堪忧）。即使曾经广布云豹的长江以南，大范围的自动相机调查也再没找到其踪迹。

东南部云豹的最后一笔记录是2006年安徽的皖南野生动物救护中心的收治个体，西南除边境以外的最后一笔记录则来自2007年的四川宜宾，从此内地所有的“云豹”报道几乎全为对豹猫的误判。

在东南亚，云豹也因大量低地被开垦而被迫退守最后的山区。虽然云豹可以在高山灌丛出没，但不能长期脱离森林栖息。

“猫盟”曾推测，判断一个地区是否适宜云豹生存，一个重要指标是这里大树的丰度：一方面是因为云豹需要大树栖息；另一方面大树也是成熟林的重要指标，大树越多，生物多样性越高，猎物也就越多。

值得一提的是，在虎豹等顶级食肉类绝迹后，云豹将会因为压制因素消失而发生一定的习性改变。比如会从树上下来，更长时间地在地面活动，因为地面的可选猎物更多，移动也更快捷。结合当地人对“草豹”的描述，西双版纳等地可能正处于这一阶段。但好景不会太长，若对灭绝虎豹的破坏因素放任不管，那么下一个灭绝的就是云豹这样的中型食肉类。

比如柬埔寨的东部平原，由于钢丝套泛滥，猎物锐减，老虎最先消失。但人们没有采取任何有效的保护措施，结果几年内花豹、豺、金猫、云豹一个接一个地绝迹。

在我国内地，我们可能也正在经历类似的浩劫。

在南亚的喜马拉雅山南麓，云豹的情形似乎还不算太糟。这里的云豹以往被认为是独立的亚种，后经分子遗传学手段证明和亚洲大陆其他地区的云豹没什么不同。印度阿萨姆邦的玛纳斯国家公园的云豹种群密度据估计达到4.7只/平方千米，为目前的最高纪录。而尼泊尔甚至已着手准备云豹生态旅游（地点目前仍保密）。

云豹树栖、偏夜行，个子也不大，因此野外研究极难。自动相机对云豹的拍摄率很低，低到难以通过数学模型给出靠谱的数量和栖息地选择的估计。项圈追踪也受制于极低的捕获率和亚洲森林艰苦的追踪条件，目前仅有7只云豹的短期追踪数据。

1988年一只年轻雄性云豹被捕于尼泊尔奇特旺国家公园附近，戴上无线电项圈后在公园中野放，但仅追踪了两周。1999年5月和7月，一只雌性和一只雄性云豹在泰国的考亚国家公园先后被戴上无线电项圈，但分别仅被追踪了4个月和2个月。

这两只云豹都有残疾，雌性有一只眼失明，雄性断了一颗上犬齿，捕猎能力较低，没经受住陷阱里小鸡的诱惑。这也是为何陷阱周围全是云

云豹的凝视。

豹痕迹和自动相机照片，但15个月内仅有它俩被捉了的原因。但即使这么点数据，也揭示出惊人的秘密。有限的坐标点显示，雌性云豹的活动范围至少有33.3平方千米，雄性更是达36.7平方千米；而泰国其他保护区里雄性花豹的活动范围也才18平方千米。

怪不得云豹的侦测率如此之低。这或许也可以解释为什么在我国，云豹比花豹绝迹得还快——因为它们需要的栖息地更大，质量更好。

此后，2000—2003年间，又有2雄2雌云豹在泰国被戴上了无线电项圈，并且个个身强体壮。它们分别被追踪了7—17个月，产生了迄今最好的活动数据：家域从22.9平方千米（年轻雌性）到45.1平方千米（成年雄性）。更重要的是，其家域内约84%都是郁闭森林。

好好生娃，反对家暴！

野外生活成谜，云豹在圈养环境中状况也好不到哪里去。在动物园环境中，云豹是臭名昭著的家暴狂魔。如果贸然合笼，哪怕之前隔着笼网已经表现亲昵，在合笼后也可能突发家暴流血事件，甚至雄性将雌性咬死咬残。

后来科学家发现，与其他猫科动物相比，作为树冠之王的云豹更依赖高度带来的安全感；只有当它们随时可以俯瞰“渺小的人类”时，才会获得足够的安全感，继而考虑一下生儿育女的事情。

当人们把栖架的高度升高到5米以上后，云豹的压力水平显著下降，家暴概率也降低了，栖架越高，云豹的繁殖成功率也越高。但即使这样，由于笼舍再大也终究有边界，只要雄云豹穷追猛打，雌云豹依旧是无处可逃。因此大部分动物园采用了娃娃亲的饲养方式：从小就将没有亲缘关系的雌雄云豹一起饲养，终身不换伴侣。这样的云豹青梅竹马，长大后再繁殖就没有任何问题了。比如世界三大云豹繁育大户之一的英国豪利特野生动物园就一直在采用这种方式。但这样的坏处是无法调换血缘。

为了更有效地管理仅由18只建群者繁育而来的云豹北美圈养种群，另外两家云豹繁育大户，美国的史密森尼保护生物学研究所和纳什维尔动物园，开始研发人工授精技术。1992年他们通过微创手术穿透肚皮，将一亿个精子直接注射进一只雌云豹双角子宫的尽头，成功诞下两只幼崽。业界轰动，以为岌岌可危的云豹圈养种群终于有救。但此后整整23年，相同的操作再没成功过。

2015年史密森尼研究所和泰国的绿山野生动物园合作，终于发现了问题：1992年那次是个特例，同样的用药量对于正常云豹来说太大了！于是他们更改了药量和注射精子量，再次成功培育出两只幼崽。

2017年更进一步。史密森尼研究所将冷冻一周的精子运至纳什维尔动物园，采用2015年的流程对一只雌性进行人工授精，母云豹成功诞下一只幼崽。至此，理论上世界各地的圈养云豹都可借此技术实现血缘交流，减缓近交衰退。

傍晚的动物园是个逃避现实的好去处。游人散尽，手机关机，便只有我和猫儿们。距离上一次来重庆，猫儿们的房间大变样。云豹从中间展区换到了左边，它们原先的住处给了三只小豹猫，最右边今天外放的也不是熟悉的大公金猫，而是新来的小母金猫。

球球这次的敌人是海芋；干干喝完水后，则站在玻璃边的横木上望着外面的夕阳，它也和球球一样长出了肚腩，不再"瘦成干"了——它也老了。

截至2016年底，国际动物园谱系中共记录有398只云豹，生活在93家动物园。随着成都动物园的大胖、皖南野生动物救护中心的老云豹和台北动物园的云新奶奶相继离世，国内圈养云豹的历史快走到尽头了。但至少，人们为了保住云豹的圈养种群，已尽了最大的努力。

那么野生种群呢?

西双版纳、墨脱、铜壁关、南滚河……它们会成为云豹在中国活过的最后记忆,还是东山再起的重生之地,取决于我们每个人。

可我们对于云豹,依旧几乎一无所知。不知道它们喜欢什么样的生境、数量多少、为什么数量如此锐减、该用什么方法去准确地了解它们的需求。甚至,不知道用什么方法去有效地保护它们。

唯一知道的,只有利用自然模式:尽力维持它原有的状态——保住中国最后的热带成熟森林及其中的完整食物链。

要善待我啊!

你吃大腿，我吃腰子，就这么说定了！

阿飞

经常有人会问：为什么豹子只吃肚子不吃其他的身体部位，明明肩膀、大腿和屁股还有许多肌肉碰都没碰？

我觉得有一种答案很符合逻辑：动物吃内脏一个很大的原因是内脏富含脂质、氨基酸和维生素，例如肝脏里不光有牛磺酸还有很重要的花生四烯酸和维生素A，肠子里含有只有肠道才能生产的其他微量元素，例如维生素B_{12}和维生素K。

大型食肉动物主要的食物是有蹄类，而大部分有蹄类全身所含的脂肪量其实很低，为5%—7%。因此食用内脏也是为了获得脂肪，与内脏粘连的肠系膜是主要的脂肪堆积部分，不吃就亏啦！

猫科作为专性食肉动物，它们的生命活动所需的所有养分必须从猎物身体的各个部分获得，进食整具尸体尤为重要。

关于如何下嘴这个问题，通过观察可以发现：虽然大家都是捕食者，但是不同的食肉动物展示出的行为却不那么一致：老虎和美洲狮更倾向于先吃猎物的臀部；狮子吃猎物的内脏；美洲豹喜欢从猎物身体的前半部分，例如胸部与喉部开吃；猎豹则倾向于先吃猎物的臀部；猞猁、短尾猫和薮猫更喜欢先吃猎物的头部。

还有另一种说法就是，有蹄类肚子部分的外皮最柔软，撕开最不费力。所以我们总看到它们的腹部最先被

作者介绍

阿飞

“猫盟”志愿者，别号“小钻风”。加拿大读书期间，曾利用三个暑假前往两所野生动物保护中心学习野生动物救助。当得知“猫盟”正在救助狍子后，毫不犹豫地加入，并和陈月龙老师争当“奶妈奶爸”。

打开。而对于其他身体部分,例如肌肉、骨头、皮毛的摄食,不同的食肉动物都有自己的选择癖好,接下来请欣赏几种食肉动物的猎食表演。

大型与中型的猫科动物

虎

对于老虎这类体形庞大的食肉动物来说,它们有足够的能力咀嚼大块的骨头,并且能快速地吞咽食物。除了肌肉,老虎也会吃掉内脏,但是会避开消化道。

老虎虽然会尽量吃掉所有可吃的部分,但是猎物越大,剩下的残骸也就越多。其中体形略小的跳羚会被吃得比较干净,只留下分离的脊椎和肋骨,而大猎物的下颚骨、头骨、脊椎、胸腔、骨盆、肩板和兽皮通常会被丢弃。

猞猁

在欧洲大陆,猞猁的主要猎物是欧洲狍和岩羚羊,偶尔也会吃赤狐和野兔。对于前两者,猞猁会吃掉所有肌肉、脂肪以及除消化道以外的

内脏。（消化道里有粪便啊！）

70%的情况下，猞猁会选择从猎物的臀部附近开始下嘴，一只大型猎物可供它食用好几天，最后只剩下猎物的头部、较大的骨头、皮毛、角这些难以食用的部分。而如果猎物出生不到两周，猞狸则会把消化道也吃掉，因为在这个年龄段，猎物的消化道里只含有母乳，可以下咽和消化。

短尾猫

在美国的佛罗里达大沼泽地，短尾猫喜欢从猎物臀部的大块肌肉开始进食，然后咬开胸部与喉部，进食肋骨、心脏和肺部。虽也有文献说短

尾猫和猞猁喜欢从猎物的头部开始吃，但是一般来说，面对体格比自己大的猎物，食肉动物很多都会选择从内脏或者臀部开始下嘴。短尾猫有时会肢解猎物，用牙齿将瘤胃割下来，拖出几米远。它们会把自己不要吃的食物堆成一堆，真是特别讲究餐桌礼仪的好宝宝！

短尾猫还有掩藏自己猎物的习惯。利用周围的杂草或枯树把食物遮起来，这很有可能是用来对付食腐动物的小招数，它们甚至会将52%的猎物尸体藏匿起来，这种现象在其他猫科动物里比较少见。

狼

狼群通常集体作战，偏好捕猎比自己大许多倍的猎物，例如驼鹿。一般情况下，一个狼群每次会吃掉猎物90%的身体部分，所有喉胸部与腹部的脏器都会吃干净，基本不吃皮毛，会啃食一部分的骨头，虽然很费劲，但是可以获取高脂肪的骨髓。

狼群集体作战。

Battle之地：非洲

我想很少有其他地方像非洲一样，有那么多食肉动物齐聚一堂，对彼此的食物虎视眈眈。

科学家通过观察发现，非洲狮和猎豹只取食较少的骨头，斑鬣狗和非洲野狗拥有强劲的下颚，有更适合啃咬和碾磨的臼齿，因此骨头和带有骨头的肌肉占它们食物的20%—30%。

非洲狮、猎豹、斑鬣狗和非洲野狗4种食肉动物都会摄食外皮，约占

17%—24%的饮食比例。去掉骨头，剩下的身体部位中，猫科明显摄取更多的肌肉，占40%—60%；而斑鬣狗和非洲野狗则偏爱与外皮相连的组织和与骨头相连的肌肉。

猎豹下颚最小，臼齿最不发达，因此几乎不吃骨头，而是更多地摄取肌肉的营养，它是这几种食肉动物里摄取肌肉最多的。10千克以下的猎物除了头骨外都可以吃干净。30—50千克的大型动物，猎豹只会吃掉其胸腔和脊柱间的部分，可以在两个小时内吃掉10千克食物。

狮子作为其中体形最大的食肉动物，进食速度是最快的，约30分钟就可以将斑马的尸体吃得只剩下骨头。根据著名动物学家乔治·夏勒的记录，在塞伦盖蒂，狮子会用门牙撕扯掉猎物身上的长毛，用裂齿撕开外皮，接着用犬齿扯下大块的肌肉与内脏。狮子哪怕是肠子也不会放过，即便里面都是粪便。为了避免自己吃到粪便，狮子有自己的办法。它会将肠子的一端置于粗糙的舌头上，并缓慢地拉过门牙，轻轻咬磨，通过这样的方法把肠子里的东西从另一端挤出来。

狮子捕猎现场。

多种食肉动物共同生活在同一片区域，捕食压力就显而易见了。科学家已经证明，非洲豹之所以将食物拖上树，最主要的原因就是为了避开小偷，尤其是像狮子和斑鬣狗这样的竞争对手。

研究发现，51%的情况下非洲豹都会藏匿自己的猎物，然而即便如此，至少21%的猎物还是会遭到偷窃。如果不将食物藏匿，那么多达38%的猎物会被抢走。

偷鸡摸狗的事儿，绝大部分出自斑鬣狗之爪，它们的出现会直接刺激非洲豹将食物拽上树。然而，如果是狮子来了，非洲豹会选择直接离开甚于藏食，毕竟保住小命要紧啊。

一般情况下，非洲豹会更倾向于将自身体重40%—140%的猎物拽上树，小型的猎物就地解决，过于大的猎物由于难以拖动，基本都会遭到斑鬣狗的偷窃。

雌性的非洲豹还容易被雄性偷取藏在树上的食物，因此对于雌豹来说，藏匿食物得到的效益很低，所以它们的藏匿率小于雄豹。而食物是否被打劫会直接影响到幼崽的存亡，在非洲，幼豹42%的死亡原因都可以归罪于狮子和斑鬣狗。

回到华北豹

听大猫说，根据以往的情况，华北豹吃小牛的时候，其实也是倾向于从屁股开始吃。

以前，我们发现的所有的豹吃牛现场，豹子从来不会像它的非洲亲戚一样，把食物叼上树，因为和顺并没有其他大型食肉动物，没有值得它闹心的竞争对手，直到我们看到这个：

看来华北豹虽然腿短了些，爬树还是小菜一碟。后来一问才知道，

我的天，怎么上树了？

是因为抢了小牛，大牛急了，于是一直撵华北豹，豹子没招了，只好去树上避避风头，带着猎物一起。

当我们觉得自己很了解这些动物的时候，它们总会用出其不意的方式刷新我们的认知。看来了解还不够，保护之路也还漫漫。

一只捕猎的豹猫顶100只鸡!

宋大昭

“一鸡顶十鸟,一兽顶十鸡。”

这句谚语的意思是:在生态摄影中,拍到了1种鸡类,顶过10种鸟,要是拍到了1种兽类,可以顶过10种鸡,也就是100种鸟!

这说明在野外拍兽类还是挺难的,原因一来是种群数量少,二来是兽类更怕人。

总之,能在野外拍只比兔子、老鼠大的兽类是很多生态爱好者的夙愿。

灰松鼠不怕人,甚至会爬到人手上抢食物。

随着近几年西部和高原生态旅游的热潮高涨,大家拍到兽类的概率也高了起来,当然拍到的兽类主要是岩羊、藏野驴、藏原羚、赤狐这些常见物种。

赤狐。

而猫科动物作为食物链顶端的物种,数量少、行踪隐秘,平时被看到都很稀罕,更别提拍到了。因此,我们可以说:一猫顶十兽。

然而正如雉鸡虽然也是鸡,但不能算是一鸡顶十鸟的鸡,猫科动物里面也有一个相对常见的物种,甚至在兽类里面也算是遇见率和拍摄率比较高的,那就是豹猫。

豹猫在中国分布广泛,除了新疆西部和北部,我国几乎只要有点山的地方就会有豹猫分布。在四川的一些保护区,豹猫简直是夜巡拍摄的常客。但是,大多数被人拍摄到的豹猫都仅仅是惊鸿一瞥,没有进食等行为,而行为才是所有拍动物的人都更希望拍到的内容。

豹猫向鸬鹚猛扑过去。

动物行为，尤其是猛兽的捕猎，通常都是生态摄影里面最令人心动的高光时刻。功夫不负有心人，摄影师白小龙于2019年10月20日，就在内蒙古乌海市的乌海龙游湾湿地公园内拍摄到了一组豹猫捕猎的精彩镜头。

其他的以后再说，咱们先来看大片！

推倒！

欣赏时间

怎么样？爽不爽？酸不酸？

当时，摄影师白小龙正在岸边蹲守拍鸟，忽然一只豹猫从草丛窜出，跳入水中按住一只普通鸬鹚，并试图将其杀死。

鸬鹚奋力挣扎！

然而可能是水里不利发挥，最终鸬鹚挣脱了豹猫的尖牙利齿，带着脖子上的大伤口逃走了。

捕猎失败的豹猫悻悻地上岸，浑身湿漉漉地回到草丛——它的捕猎之旅还得继续下去。

大片欣赏完，咱们继续……

鸬鹚虽然挂彩了，但好歹保住条命！

科普时间：豹猫亲水不？

我们知道有些猫科动物很喜欢水，比如虎、美洲豹，它们经常泡在水里，甚至在

铩羽而归，等下次机会吧……

水里捕猎；也有一些不怎么喜欢水，比如豹、猎豹等。

豹猫起源于东南亚的森林地区，受环境影响，这一支小型猫科物种对水都有一定的亲切感。

在进化树上，豹猫支系还有几个亲戚：锈斑豹猫、扁头猫、渔猫等，其中渔猫是典型的亲水物种，它们酷爱在水里抓鱼吃，甚至于它们的脚趾间都有一层类似于蹼的皮膜。

豹猫也是一种爱玩水的猫，大量例子证明豹猫能够很好地生活在湿地边，但和渔猫捉鱼不同，湿地中丰富的鸟类资源是吸引豹猫的最主要因素。

北京的密云水库和野鸭湖都生活着不少豹猫，鸟友观鸟时与豹猫的不期而遇早已不是什么新鲜事。

无独有偶，前些年深圳的摄影师在红树林里也拍摄到了豹猫游泳以及捕捉白鹭的精彩照片。

穿插几张大片，继续欣赏！

密云水库的豹猫。

傍晚，大好正和黄翰晨在密云水库边的小路上溜达找鸟，等着鸟从草丛里出来，结果一只豹猫忽然出现在小路上，斜阳形成美丽的逆光，几秒后它就消失在草丛里。

清早，我独自一人在野鸭湖的一个水边的小树林里看着远处飞来飞去的白腹鹞和黑翅鸢，忽然身边的芦苇丛传出一阵窸窸窣窣的声音。

扭头一看，一只豹猫正看

隐藏在芦苇丛中的豹猫。

着我。我跟它大眼瞪着小眼，拍了几张照片后它再次消失在芦苇丛里。

高向宇当时正在野鸭湖拍鸟，这只猫哧溜一下爬到树上去了，看着他。当时他也不大确定这到底是家猫还是豹猫，感觉是只豹猫。回来一看照片果然就是。

从树上俯视人类。

乌海的豹猫显示了它超强的适应能力

北京野鸭湖、密云水库以及深圳的红树林里出现豹猫都在情理之中，它们都靠着山。乌海周边也有山，不过这边的山乍看起来却不太适合豹猫生活。乌海的西边是沙漠，东边有一点山，山的东边又是荒漠戈壁。这地方似乎更适合亚洲野猫或者荒漠猫生活。

据我们对豹猫的了解，它们通常生活在山地郁闭型生境，不会离森林太远。而从川西到玉树，我们又发现豹猫可以出现在海拔4000米以上、以灌草丛为主要植被的生境里。而乌海的记录则让我们认识到，即便是在远离森林的裸露山地，豹猫依然可以安家，其适应力之强由此可见一斑。

从城市到荒野，不过一只豹猫的距离

我们一再强调：豹猫就是底线，无论是生态还是文明。因为豹猫在中国分布广泛，且靠近人类，对待豹猫的态度就可以反映出人们对待自然的态度。

深圳红树林里游泳的豹猫。

然而现实很骨感，除了少数一些省市，中国的豹猫总体还是不太受待见。在野外，每年因非法宠物交易、非法食用野味等原因而被盗猎以及偷吃家禽被抓的豹猫不计其数。历史上的大规模捕杀使得很多地区的豹猫至今未能恢复种群。

观念是很重要的一个因素，忽略自然生态、崇尚经济利益的观念导致了豹猫等游荡在社区周边的野生动物缺乏与人类共存的良好环境。前两年“猫盟”曾经参与调查常熟豹猫吃鸡事件，这两年没有再听说那边的消息，也许当地的豹猫已经被斩尽杀绝了。

不过好在观念正在转变，比如在中国南方开展工作的“猫盟”的伙伴机构——“东南荒盟”和“西子江保育”，他们都在为了豹猫的生存而努力奔走。

摄影师白小龙说，乌海龙游湾湿地公园里的豹猫也会偷吃农民家的鸡，但是看上去它们在那里还是活得很滋润。事实上豹猫出现在公园里是个好事，深圳的公园里就有豹猫，北京郊野的湿地公园也有豹猫。

我认为豹猫很有潜力成为一种伴人而居的象征着人类接纳自然的小动物。正如上海正在重引入獐子、扩大野生貉的种群，深圳也在给豹猫修建一条生态廊桥。

中国的城市如果要开始尝试接纳野生动物的话，还有什么比可爱的豹猫更加适合的呢？

它们真的太头铁了，我无话可说

土皮

全世界的猛禽都讨厌大海，就像全世界的家猫都讨厌水。

猛禽双翼宽阔，生来就是御风者。太阳照在山脊之上，形成了温柔有力的上升气流，托举着形形色色的猛禽南来北往。而海面之上没有热气流，猛禽只能靠自己的力量振翅飞渡；更兼海上少有歇脚之地，一遇狂风暴雨，生死难料。因此，越是大型的猛禽，就越要避免穿越大的水体。它们宁可多花时间、多走冤枉路，也要从陆地绕行。如果非要跨海不可，它们也一定会选择最短的跨海路线，而且要在出发前辗转试探，等到天气、风向全都完美才敢动身。也因此，全世界的猛禽迁徙路线几乎都在大陆之上。但有一条例外，那就是位于东亚的猛禽跨海迁徙路线。

秋天，无数猛禽从东北亚出发，跨越中国东海和南海，抵达赤道附近越冬；春天，这些猛禽再度启程，逆着东北风横跨大海，原路返回。年年如此，亘古不变。

灰脸鵟鹰就在这条东亚跨海路线上迁徙。它们是地球上最头铁的猛禽(没有之一)。只要选定了方向就绝不妥协，无所谓海洋或大陆，甚至不在乎气流和风向。它们在乎的，只有时间和约定。

百望山迁徙的凤头蜂鹰 。

海角狂鹰

每年春天，南方的鸟友就开始登高远眺。他们在山野中翘首，盼望着灰脸鵟鹰的到来。这是一种从不失约的候鸟。清明前后，灰脸鵟鹰开始过境。狭长的双翼切割着风，让它们在天地间自在遨游。

可是这些灰脸鵟鹰从哪里来？也许在中国台湾能找到答案。在台湾海峡的另一侧，这种猛禽同样令无数鸟友牵挂。有文献记录道："每年清明，有鹰成群，自南而北。聚哭极哀，彰人称之南路鹰。"而在台湾最南端的垦丁，每年秋天也有无数的灰脸鵟鹰聚集于此。这里的人们过去以为灰脸鵟鹰来自台湾中部的山区，所以把它们叫作"山后鸟"。

但要想真正揭开灰脸鵟鹰的迁徙之谜，还得依赖现代科学技术。2008—2011年间，台湾陆续给13只灰脸鵟鹰（命名为海角1—13号）戴上GPS发射器，研究它们的迁徙路线。

这些灰脸鵟鹰都要经过垦丁这个海角，是名副其实的"海角狂鹰"。不过这看似伟大的旅程一点也不浪漫。13只猛禽中，只有6只顺利抵达了越冬地，次年返回繁殖地的，只剩4只。这未免过于悲壮。

数据表明，这些双翼如刀的猛禽，每年的春秋迁徙都要跨越海洋。秋天，来自大陆的灰脸鵟鹰聚集于垦丁，从这里飞向大海，奔着赤道而去；春天，北上的灰脸鵟鹰从

垦丁过境的灰脸鵟鹰。

彰化的八卦山出海，跨过海峡，飞抵大陆。长期的监测表明，每年会有2万—4万只灰脸𫛭鹰经过台湾。

海角1号在北返途中遇到了世所罕见的强劲逆风，但它没有回头。与狂风对抗良久后，终于在广东成功登陆。它在狂风中越过了900千米的南海海面，这样的壮举世所罕见。不过3号和4号就没那么幸运了，在北返途中不幸坠海。其余的更惨，连越冬地都没到。

在台湾的研究中，这13只平均体重只有440克的猛禽，每年来回迁徙的平均路程超过9000千米，最远可达12 000千米。遇到恶劣天气的话，还要在狂暴的海风中逆风飞行，被迫跨过900千米的南海。但幸运之神不会永远眷顾，既然是海角狂鹰，就一定会坠落天涯，不过灰脸𫛭鹰的迁徙故事远没有结束。

逆风飞翔，无所畏惧

2009年，日本的研究表明，灰脸𫛭鹰还有其他的迁徙路线。有的个体离开繁殖地后，直接就奔着南方去了，根本不去中国大陆歇脚。好在海上有很多岛屿组成的岛链，科学家认为这些灰脸𫛭鹰会利用海岛临时修整，飞行路线也应该是相邻岛屿之间的最短连线。但个体追踪结果显示，灰脸𫛭鹰的实际迁徙路线与预测路线有较大偏差，很多个体都在远离小岛的海面飞行，甚至连台湾岛都不去。它们没有我们想象中那么依赖陆地。它们只相信自己的翅膀。

海角狂鹰，可真够狂的啊！不，这还不够。顺着海风横跨大海算不得什么，凤头蜂鹰也会在秋天短距离顺风跨海。到了春天，海上依然是东北风，这时候再跨海可就是逆风了。因此凤头蜂鹰乖乖地选择了绕路，从渤海湾北边绕回到日本。灰脸𫛭鹰会妥协吗？不会的。它们在春天依然沿用秋天的跨海路线，哪怕一路逆风也无所畏惧。

不过有人会说，天气变幻莫测，海上风向也不是一直恒定的啊，它们会不会利用短暂出现的顺风来完成迁徙呢？不会的。春天的猛禽归心似箭，一刻也不想耽搁。后来的研究也表明，作为地球上最头铁的猛禽，灰脸𫛭鹰是真的从不妥协。

2012年秋季，科学家收集了菲律宾的猛禽跨海迁徙数据，共27 399只次；2014年秋季，科学家得到的菲律宾跨海猛禽数为7587只次。

这些跨海猛禽中，除了头铁的灰脸𫛭鹰，还有另一种娇小的猛禽——赤腹鹰。不过详细的观察研究表明，论头铁，灰脸𫛭鹰依旧“当仁不让”：在秋季迁徙中，绝大多数的赤腹鹰选择了顺风跨海，而绝大多数的灰脸𫛭鹰选择了逆风跨海。也就是说，在没有繁殖任务、风向可选的情况下，灰脸𫛭鹰依然选择了逆风！

它们真的太头铁了，我无话可说。到了春天，强劲的东北风依旧在吹，灰脸𫛭鹰匆匆上路，准时出现在了海天相接处。它们一路逆风，回到了阔别已久的故乡。

顶着强风振翅的灰脸𫛭鹰。

北国之夏

灰脸鵟鹰的春季迁徙较早，很多个体在四月就能开始繁殖。春迁中，成年雄性最先动身，雌性和亚成体殿后。

不过为什么灰脸鵟鹰如此头铁，敢于逆风跨海呢？这和它们的身体结构有关。灰脸鵟鹰体长41—48厘米，是鹰科鵟鹰属的猛禽。它们像鹰一样灵活，且有着鹰的独特花纹，但有时候却像鵟一样呆，脚爪也更像鵟。干脆就叫鵟鹰吧，意思是像鵟的鹰。然而不同于典型的鹰，灰脸鵟鹰的翅膀狭长，翼指也不明显。这样狭长的双翼适合在空旷地带长时间鼓翼飞行。无独有偶，赤腹鹰也是双翼狭长，翼指不明显，喜欢在林缘空地活动。至此，我们就找到了猛禽头铁的原因。这狂暴二人组之所以敢在海上肆意穿行，靠的就是狭长的双翼。

灰脸鵟鹰：你说谁呆呢！

在繁殖地，灰脸鵟鹰偏好在森林边缘活动，例如山脚、农田、水田、湿地等。选好领地以后，雄性就开始眼巴巴地等待雌性的到来。和很多鸟类一样，雄性灰脸鵟鹰也会送给雌性一条小蛇或一只青蛙作为交往礼物。雌性若芳心暗许，便会欣然接受。

在林中大树上，灰脸鵟鹰筑巢繁殖，每巢2—4枚卵。大约孵化30天后，雏鸟出壳；再继续喂养40天，幼鸟就能离巢。在这期间，灰脸鵟鹰的主要食物是青蛙、蛇、小鼠、大型昆虫，偶尔也抓小鸟。它们常常站在高处等候猎物的出现，然后快速飞过去抓捕，不过成功率只有27%。无论如何，在父母无微不至的照顾下，多数幼鸟都能幸运存活。然后，这些幼鸟就得自学本领，准备南迁。

我们一般认为，猛禽是独自迁徙的。迁徙是多数候鸟的本能，它们

在台湾成群过境的灰脸𫛭鹰。

生来就知道如何迁徙。不过,迁徙也需要后天学习和经验积累。很多幼鸟和亚成体的迁徙路线都会绕远,甚至会严重偏离,到达各种奇奇怪怪的地方。这是正常现象,随着经验的积累,它们的迁徙路线会逐渐优化并固定下来。但是多数猛禽在陆地迁徙,所以再怎么绕远、偏离都无所谓。海上就不一样了,千万不能出错,哪怕是小小的错误都会致命。

欧洲的研究表明,白兀鹫在迁徙经过地中海的时候,幼鸟会跟在成鸟之后。当群体中成鸟的比例下降时,幼鸟初次跨海的死亡率就会急剧升高。最严重的时候,只有十分之一的白兀鹫幼鸟能成功跨海。在灰脸𫛭鹰的迁徙中,研究人员也观察到了这样的现象。成鸟往往打头阵,未成鸟则跟随在群体之后。

不过迁徙仍然是风险极高的、悲壮惨烈的。迁徙途中,体力不支的灰脸𫛭鹰很容易就会坠海。如果遇到恶劣天气,更是生死未卜。

无论如何,经历了一次成功的迁徙后,这些跨海路线就深深地印在了它们的脑海中。之后的迁徙几乎都是原路往返,很少再有大的变动。

共赴山海之约

每年的春秋迁徙,吸引着无数观鸟人外出寻觅,只为一次相遇。更何况迁徙的还是平日里难得一见的猛禽。灰脸𫛭鹰虽然在华中也有零星繁殖，但在南方主要是过境鸟。由于数量庞大、迁徙集群，灰脸𫛭鹰往往会形成“鹰柱”“鹰河”，场面十分壮观。

但我们不要忘了，这些猛禽迁徙途中的“热点”，曾经也是集中屠戮点。在过去，台湾垦丁每年秋季都有无数的灰脸𫛭鹰、赤腹鹰、红尾伯劳命丧海角。到了今天，人类已经主动或被动地改变了这一局面，迎接鹰河的不再是枪声。

但我真的希望人们能发自内心地去感受、去欣赏、去称颂这些自然奇观。生命的艰难与壮阔，对于物种本身而言只是寻常。无论是平凡的出生，还是残酷的成长，抑或是无奈的死亡，它们都无法选择。每一个生命都是奇迹，每一次迁徙都堪称史诗。人类要想与自然真正和谐相处，就必须学会尊重、理解、欣赏自然，而非单纯地利用自然。

在国内的猛禽迁徙观测点中，我最喜欢大连老铁山。那里有山有海，每年都吸引着大批猛禽爱好者赴约。天不亮的时候，可以看海上日出；天气不好的时候，可以看猛禽低飞、打架、捕猎；天气好的时候，可以看猛禽齐刷刷地渡海，头也不回；没有鹰的时候，可以用单筒望远镜扫视海上的江豚，或者找找那些几乎不存在的白额鹱。

傍晚，是老铁山最美的时候。夕阳给山海镀上了金色，也给猛禽镀上了金色。它们在头上盘旋交错，准备降落夜栖。这个时候的灰脸𫛭鹰会扇着翅膀，笨拙地落在松树顶端。

若问此刻我心里在想什么，大概是没有的。我只觉得，这样的场景很美，应该一直存在下去。山与海相逢，人与鹰约定。多么简单美好啊！你说呢？

金色𫛭鹰。

燃烧的岂止远方，我们的热带雨林正在呐喊呼救

顾伯健

2019年，世界各地森林火灾频发，广大民众对地球之肺以及未来的命运忧心忡忡，我们似乎比往常更在意热带雨林，更在意生态系统，仿佛此时此刻我们呼吸的每一秒都与它命运相连。

你是否知道中国也分布着极其珍贵而濒危的热带雨林？如果你知道它们也正呐喊呼救，是否也愿意尽一己之力，倾听、关注，为守护家园的未来而努力？

提到“热带雨林”四个字，相信无须多作解释，很多人在脑海里都会浮现出一个绿树葱茏、奇花异草遍地盛开、珍禽异兽满地奔走的美妙画面。

无论在电视里还是画册中，一株株错落有致、高耸入云的巨树总能使人的思绪飘移到一个个充满原始与野性的世界。

生活在热带雨林的丽棘蜥。

作者介绍

顾伯健

复旦大学植物学博士，中国最后一片绿孔雀完整栖息地的发现者，以保护绿孔雀为使命。长期坚持在云南边疆地区从事自然资源调查与生物多样性保护工作，联合多个环保组织发起“绿孔雀保护行动”，进行大量的调查研究，并协助发起全国首例野生动物保护类环境公益诉讼。

不错，热带雨林是地球上生物多样性最为丰富的地方，它的面积虽然可能只有地球总面积的7%，但是却可能拥有地球上超过一半的生物物种。

顾名思义，热带雨林分布在地球上热量最充足，水分条件最好的热带湿润地区。除了众所周知的亚马孙，热带雨林也分布在非洲的西部和东南亚、南亚部分地区。这里靠近赤道，没有四季之分，终年高温潮湿。在这种气候条件下，各种植物充分地利用宝贵的空间，竞相生长，呈现出纷繁复杂的多样性。

不同于温带地区的森林，热带雨林群落结构非常复杂。光是乔木层就可以分为四到五层。在这复杂的乔木层中，还生长着种类繁多的藤本、附生等层间植物，有的就直接生长在大树的树干上，靠吸收空气中的水分和树皮腐烂后释放出来的微量的养分存活，形成了独特的“空中花园”景象。

生长在树干上的大苞鞘石斛。

在热带雨林，通常一棵大树本身就组成一个小的生态系统：真菌、苔藓、地衣在树皮的缝隙中悄悄生活；一丛丛的鸟巢蕨等蕨类植物依附着树干伸出鲜绿的嫩叶；树干上，种类众多的兰科、苦苣苔科、甚至是杜鹃花科植物盛开着奇异的花朵,有的可能还是未被描记的新物种。螽斯等千姿百态的昆虫把自己伪装成一片树叶,躲避着天敌;树蛙躲在树叶上静静地休息,等待着繁殖季节的来临。

拟态成地衣模样的螽斯,你找到了吗?

在这高低错落的树木中间,经常可以看见如巨龙般扭曲攀援的巨大藤本从地面直接伸入林冠,将自己的枝叶与树冠交织在一起。行走在雨林中,你会发现这里很多大树生长着巨大的如一面墙的板根,用以支撑其庞大的身躯。这些大树是雨林中真正的巨人,它们的高度通常超过70米,高耸入云,傲视着下方连绵起伏的林冠,享受着热带最为炽热的阳光。

在东南亚的热带雨林,这些散生巨树通常也是长臂猿、红毛猩猩和犀鸟的领地。每天清晨,这些雨林中的隐士们端坐在这绿色宝座之上,尽情展现自己悠扬美妙的歌喉。

这样的情景似乎离普通人非常遥远。也许绝大多数的人终其一生也只在纪录片里看到过这样的场景。

其实,我们中国也有着非常珍贵的热带雨林,它距离我们并不遥远,但却在人们的遗忘中迅速消失,它的消失实际上和我们每个人的日常生活息息相关。

生活在热带雨林中的四数木的巨大板根。

中国的热带雨林:亚洲雨林的边缘和极限

与广泛分布的针叶林、落叶阔叶林以及常绿阔叶林不同,热带雨林在中国只分布在西藏东南部雅鲁藏布江大峡谷,云南西部、南部、东南部,广西西南部和海南岛。

由于中国的热带雨林分布区地处热带的北缘,又是青藏高原和云贵高原向东南亚山地延伸的过渡地带,因此相对于赤道附近的热带雨林分布区,这里的年均气温普遍较低,海拔较高,降水量偏少,是热带雨林生长发育的极限。

在这样边边角角的地区,热带雨林通常也不似林海般大面积分布,而是分布在海拔900米以下的坡脚和沟谷地带,与山脊海拔较高处的季风常绿阔叶林、山地雨林和盆地中生境较为干旱的季雨林镶嵌分布,面积更为狭小,群落更为脆弱,一旦被破坏就很难恢复。

墨脱的热带雨林。

中国热带雨林分布区的温度、海拔、降水量都达到了其所能生长发育的极限,因此很长一段时间以来,国外的科学家一直不承认中国有热带雨林的分布。直到20世纪70年代,老一辈的植物学家在西双版纳勐腊县的补蚌村附近发现了东南亚热带雨林的标志性植物——龙脑香科的望天树,中国的确有热带雨林这一论断才被国内外学术界接受。

事实上,云南东南部、西部的热带雨林中还生长着东京龙脑香、羯布罗香、青梅、坡垒等诸多龙脑香科的植物。近年来,科学家又在西双版纳的雨林中发现了另一种热带雨林标志性植物——大花草科植物寄生花。这些雨林中生长的植物有70%以上的分布类型都属于热带亚洲分布,与中南半岛典型的热带雨林有很大的相似性。

我们的雨林来之不易

如同地球上其他壮丽的生命奇观一样,中国的热带雨林也是在各种重大地质历史事件共同作用下诞生的。几千万年以前,来自古南大陆的印度板块与属于古北大陆的欧亚板块碰撞、挤压,不但造就了青藏高原,也抬升了巍峨的横断山脉,同时形成了强劲的东亚季风和来自孟加拉湾带的带有大量水汽的西南季风。

同属于横断山脉的哀牢山与无量山高大的山体在冬季阻挡了北方的寒流,而两股强大的季风在每年的五月到十月为云南西部、南部、东南部送来了大量的降水,使得这里的低海拔形成了高温高湿的热带气候,为热带雨林的发育创造了必要的条件。

东南亚热带雨林中生活的地质年代和区系组成非常古老的植物,开始由中南半岛向北迁移、发展。与此同时,印度东北部热带植物区系则随着孟加拉湾强劲的暖湿气流沿着雅鲁藏布江大峡谷一路向北,推进到了北纬30°附近的西藏墨脱。

经过漫长的地质历史,这些躲过了历次冰期劫难的古老植物最终向北延伸,将中国西南部的边境地区编织成了高大壮观的热带雨林,使之成为中国植物物种最为丰富的地方。

但是，近几十年来，这原本分布狭窄，极其珍贵的中国热带雨林和世界上其他区域的热带植被一样，遭到了严重破坏，面积急剧萎缩。

西双版纳一种绿色取代了成千上万种绿色

也许你是因为童话里的热带雨林而知道中国西南一隅有一个叫西双版纳的地方。

在童话故事中，那里似乎永远是神秘、美丽的世外桃源：傣家的竹楼被茂密的雨林环抱着。大象在林中徜徉，孔雀在河边开屏，猴子在树上荡着秋千，犀鸟在寨子旁的大树上相亲相爱。似乎随处可见有趣的动物，遍地是奇花异草……

热带雨林和物种单一的橡胶林形成鲜明的对比。

其实在半个多世纪前，这不是童话，而是现实。西双版纳因为有着中国面积最大的热带雨林而被称为“北回归线上的绿洲”“云南野生动植物王国中王冠上的绿宝石”。

但是，现在的西双版纳，已经很难找到那童话中提到的保存完整的热带雨林了。热带雨林分布的地段热量充足、土壤肥沃，最适宜种植热带经济作物，也是橡胶树最适宜生长的地方。因此，半个世纪以来，橡胶树的种植如同燎原之势在西双版纳蔓延开来，大面积低海拔地区的热带雨林被一片片砍伐，上千种古老的热带植物在顷刻间被橡胶树这一种植物取代了。

大片的原始热带雨林被橡胶地、香蕉园构成的“绿色沙漠”分解得支离破碎。非常可惜的是，这些雨林消失的速度远远超过了我们了解它们的速度。生物多样性的损失难以估量。如今,保护区外已很难见到连片的热带雨林,处于原始状态的热带雨林更是凤毛麟角。

在西双版纳的坝区,只有部分村寨附近因宗教和民族文化原因保留下来的"龙山"林还残存着一些热带雨林的斑块,如同孤岛一般镶嵌在橡胶林的林海中。而西双版纳国家级自然保护区里,热带雨林也几乎变成了残存在坡脚和沟谷的斑块,大片的森林植被其实是海拔较高处的亚热带季风常绿阔叶林。

在大面积低丘、盆地地带的热带雨林被砍伐种上橡胶树后,一些保存较好、较为连片的热带雨林残存在河谷地带。这里由于地势陡峭,交通不便,不利于大规模开垦,因此它们躲过了橡胶林的疯狂扩张,但是盲目的水电开发又给它们带来第二次危机。

图片中央一小块热带雨林像孤岛一样被橡胶林的"海洋"包围。

云南东南部和西部的热带雨林：鲜为人知的方舟

目光东移，云南东南部（河口县、马关县、屏边县、金平县、麻栗坡县等地）与越南北部接壤，属于红河流域的下游。这里地形复杂，交通闭塞。一些低海拔的河谷地带同样生长着较为典型的热带雨林。比起西双版纳，这里海拔较低，降水量大，气候更为湿热。因此这里的热带雨林虽然面积不大，但是同东南亚赤道附近分布的热带雨林更为接近，生物多样性更为丰富、独特，甚至在《云南植被》中被划为接近于赤道的“湿润雨林”。但是，这里的热带雨林一直被人们所遗忘。直到现在，相关的调查仍然非常缺乏。

位于绿春县与江城县交界处的李仙江河谷，本来分布着连片的保存完好的以东京龙脑香为优势物种、在国内非常罕见的龙脑香热带雨林。非常可惜的是，李仙江热带雨林已经因为分布区的河谷修建了两级水电站而彻底消失。目前，类似的群落只残存在大围山、古林箐、黄连山等自然保护区中，成了一些极小种群最后的避难所。

比起西双版纳和滇东南，云南西部（盈江铜壁关、临沧南滚河等地）的热带雨林是幸运的。由于生境偏干，这里幸运地躲过了那个年代橡胶树的大面积扩张。这里的热带雨林虽然同样面积不大，但却成了中国几种犀鸟种群恢复的希望所在。你依然可以看见西双版纳、滇东南热带雨林本该拥有的状态：犀鸟展开巨大的双翼在龙脑香巨树的林冠中翱翔，马来熊和云豹悠然自得地漫步在密林间。

犀鸟。

海南岛热带雨林:大海中的遗珍

海南岛是中国唯一一个所有区域都分布在热带的省份。这样的气候和地理特征使得这里发育出典型的热带雨林。

随着海南岛人口激增,大面积的热带雨林快速消失:橡胶、香蕉等经济作物迅速扩张,甚至超过西双版纳成为中国第一大橡胶生产基地。

如今,海南岛仅剩霸王岭、尖峰岭等自然保护区中还残存着一些原始热带雨林,这些雨林里生活着海南长臂猿、海南孔雀雉等珍稀动物。

西藏墨脱热带雨林,十字路口的选择?

墨脱这两个字始终像磁石一般吸引着每一位自然爱好者。也许得益于"最后一个不通公路的县",比起中国其他的热带雨林分布区,墨脱雅鲁藏布江及其支流的河谷地带的热带雨林也许保存着最为原始的状态。先不说那些河谷深处高高耸立但种类未知的散生巨树、与西双版纳热带雨林非常相似的植物区系,单从老虎、豹、云豹、金猫、云猫、豹猫来说,这片森林也许保存着中国最完整的猫科动物"梯队",足见这片雪山之下的雨林生态系统在中国独一无二的完整性。

它的面积究竟有多大?群落结构和物种组成怎样?有没有龙脑香科植物分布?除了白颊猕猴,还有多少神奇的"新物种"等待着被发现?……这片神秘的雨林还有太多未知的奥秘等待我们去探索。

也许墨脱已经走到了一个十字路口,而我们这一代人可能正左右着它的未来。

借用一位对墨脱非常了解且极度痴迷的朋友的总结来表达我们对墨脱热带雨林保护的诉求:"我们是需要一个嘈杂的、山林空荡荡的藏南峡谷城市,还是要一处留给全人类和我们后代遐想的、独一无二的自然遗产？是时候作出抉择了。前者，中国有很多，而后者，960多万平方千米之内只有这里一处了。希望大家认识到这处天堂的真正价值所在，有些东西不珍惜，就再也没有了！”

热带雨林和我有什么关系？

这个问题对于热爱自然的人来说似乎很容易回答：热带雨林的确太美了，生物多样性太丰富了，我们不忍心看到它受到破坏。留住美好是答案的核心。对于科学家来说，热带雨林是地球上生物多样性最丰富的区域，几千万年来没有较大的改变，保存着很多古老的生物物种，发生着很多令人惊叹的进化现象。很多物种尚未被发现，进化机制、物种共存机制、群落构建机制……太多的问题需要被研究。

但是对于大街上行色匆匆的路人，热带雨林与他们也有关系吗？其实，热带雨林关乎我们每个人的衣食住行。很多工业原料、食品、药品都是取材自热带雨林的物种。例如治疗疟疾的奎宁来源于金鸡纳树、战场上紧急救治过无数伤员的止血药物血竭来自龙血树。美登木的提取物可以治疗癌症。杂交水稻亲本之一的野生稻也生长在热带雨林。超市里琳琅满目的热带水果如山竹、榴莲、菠萝蜜也来自对热带雨林植物的驯化。制作高档香水的植物精油也源自热带雨林的花朵。即使从实用

西双版纳的黑蹼树蛙和红蹼树蛙，它们趾间巨大的蹼不是用来游泳，而是用来滑行的。

主义的角度出发，热带雨林也是个巨大的宝库，绝大多数潜在的食品、药品都有待开发。

热带雨林保护，关乎你我的日常生活

在热带雨林，每一株巨树上往往栖居着种类繁多、难以计数的物种。 这些“雨林巨人”矗立在那些从来没有人涉足过的秘境几百年，每日吮吸着热带的阳光和雨露，让无数的花草依附着它的躯体生长，一年又一年开着奇异的花朵；让长臂猿和犀鸟吃着它结的果实，依偎在它遒劲的树干上谈情说爱；让至今还搞不清种类的树蛙、蜥蜴、壁虎、昆虫在它的身躯上安家落户……每一株巨树都是一个小的生态系统。

这些巨树往往笔直、高大、粗壮、坚固、结实，在红木市场备受青睐，令家具厂商垂涎。于是，雨林里造起了伐木场，无情的电锯响彻山谷，一

种类繁多的附生植物生长在望天树距地面约60米高的树干上，构成了“空中花园”的奇观。

棵棵大树纷纷倒下，进化了千百万年的生命奇迹瞬间消失……

在红木家具市场，随处可见整块木料制作的巨大的会议桌、茶案，还有“紫檀”“黑檀”“血檀”“酸枝木”等各种名贵木料制成的家具，以及各式各样的手串。这些看似彰显着“文化”“富贵”的红木家具，原本都是雨林中的一棵棵巨树。

随着生物多样性保护的观念越来越深入人心，越来越多的人明白不能去购买象牙、犀牛角、虎骨、穿山甲鳞片等野生动物制品，但是，可能很多人并不会意识到，红木制品背后同样是血淋淋的生态灾难。虽然在很多情况下购买红木制品并不违法，但拒绝购买红木制品却可以避免雨林中的大树遭遇无妄之灾。

保护热带雨林，不应只是在社交媒体上祈祷亚马孙雨林的大火赶紧灭掉，而应用实际行动尽量避免购买可能伤害热带雨林的商品。

这样的未来还可期吗?

中国最后的大型荒野现在怎么样了?

梁旭昶

在我们身居高楼囿于日常之时,别忘了在遥远的地方,国土之中还有如此大型的荒野,夏天飘雪,巨兽漫步,仿佛是另一个凝固的时空;也别忘了还有人在为它的未来而努力。

荒野羌塘

羌塘不是一个行政概念,而是一个地理和文化的概念。大家了解比较多的可能是一个叫可可西里的地方。你可以理解羌塘是一个放大版的可可西里。

羌塘位于青藏高原的腹地。其北边以整个昆仑山脉为界,南部以念青唐古拉山脉还有冈底斯山脉为界,这两片大山脉之间辽阔的区域就是羌塘,面积大约为70万平方千米。

在羌塘大部分地区,由于海拔高,所以氧含量很低,单位体积空气中的氧分子含量大概是北京的50%。如果你想体验一下在那里劳作的感觉的话,可以戴上两三层口罩跑步登山试试。我们有一次在羌塘北部出野外,傍晚无事,和几个保护区的管护员搞了一次小型运动会。我参加了50米短跑比赛,跑到最后10米,就几乎感觉不到我的腿了。

这里年均气温低于零度,冬天最冷时可达-40℃。大

作者介绍

梁旭昶

青藏高原野生动物保护专家,曾为国际野生生物保护协会羌塘小组负责人,笔名"燕山亭"。爱穿迷彩服和高帮鞋,颜艺俱佳,学霸、保护者、天生的领导者。

风、干燥，一年可能有200多天都是五级以上的大风。

这里一棵树都没有，地表植被稀疏。显然，这个地方不是人类的理想居所。也许就是因为这样的一个环境，才造就了我们今天所说的“最”荒野。

荒野意味着什么？

首先，荒野显然意味着人少，人为的影响也小。大概是2000年的时候，我在西藏参加了一些相关的工作，当时印象最深的就是灿烂的星河。在人口密集的地方，由于光污染严重，到了晚上就很难看到星星，更别提璀璨的星空了。

如果你喜欢清冽苍茫，那羌塘是一个挺好的所在。雪山、湿地、湖泊，海拔4700米以上，很多地方的海拔高达5000米以上。人们通常称呼这里为羌塘草原，但你看不到“风吹草低见牛羊”的场面，地面上的植被通常非常稀疏，高度不超过膝盖。这里没什么人，但有很多其他生命。

荒野的美景难免吸引了一些不速之客在这里开展所谓的“探险”活动。探险者兴奋地开着各种各样的越野车到荒野里穿越。在即将完成所谓的“穿越之旅”前，车队往往为了逃避检查，把油桶、油箱、汽油等“罪证”中途丢弃。这些疯狂的行为对野生动物所带来的干扰可想而知。

荒野里有什么动物？

楼兰古城被发现之后，瑞典人赫定在瑞典国王和印度总督的支持下，于1901年踏上了藏北的土地。1909年，回忆当时的情景时他是这么描述的：只有野牦牛、藏羚羊和野驴踏出来的路，没有人在那儿留下的其他痕迹。对他来讲,世界上没有比这更壮丽的景象。

羌塘不是只有美好的风貌。所谓的生命禁区,很大程度上是对人类而言的,在那里,野生动物非常繁盛。

全球的藏羚羊都分布在青藏高原,大概一共有20万只左右,其中70%以上都在藏北羌塘区。

12月份是藏羚羊谈恋爱的季节。

野牦牛非常漂亮强健,我感觉牛魔王就是以它为原型的。

西藏野驴非常呆萌,和藏羚羊、野牦牛合称羌塘三剑客。

野牦牛零散地分布在藏北包括可可西里地区,它们赖以生存的生态资源正在面临一个问题——与家牦牛的冲突,除了侵占和竞争资源,杂交问题也比较严重。野牦牛是家牦牛的野生祖先,大概从7000年前开始驯化。目前青藏高原家牦牛的数量大约是1400万头左右,野牦牛只有差不多2万头。家牦牛跟野牦牛在食性和生活习性上非常类似:喜欢同样的水同样的草。

野驴也很多,但是野驴的数量目前尚不确定。

狼在羌塘的分布非常广泛,数量众多,但是究竟有多少并不知道。我在羌塘见过一次由18只狼组成的大群体。

10年前,在羌塘考察的时候,大家会觉得看到棕熊还是一件挺好玩挺稀罕的事,而现在几乎每次去都能碰到一两头大棕熊。

雪豹,在这里它们才是主人。它们喜欢在高山、大河游荡玩耍。我们以前总觉得羌塘并不是雪豹主要的分布区,但是过去两年的调查监测显示，羌塘的雪豹远超过我们最初的预计，这是一个可喜的消息。

棕熊。

旱獭。

猞猁，极漂亮的一种猫科动物。

大方脸藏狐。

羌塘人与畜

羌塘的野生动物这么多，地方这么大，人到底有多少？

如果我们把全世界75亿人的体重、所有哺乳类家畜的体重和所有陆生哺乳野生动物的体重加在一起算作100%的话，人占36%，家畜占60%，野生动物生物量只占到4%。羌塘是什么样的比例呢？人只有3%，87%都是家畜，野生动物有10%。

牧民们靠豢养家畜为生，家畜与野生动物同样需要优质的牧草、水等自然资源。当牧民们搭起围栏的时候，野生动物不仅资源被“侵占”，迁徙、扩散路线被阻拦，有时还会被围栏困住，一命呜呼。

草场上的铁丝围栏，左上角是一只被围栏困住的怀孕藏羚羊。

然而，从牧民的角度考虑，这里也是他们的家，他们本就生长在那个地方，而且他们的生活也不宽裕。在放牧点，饮水还是得靠肩背手凿，一块小电瓶支撑全家的用电，很多地方没有手机信号，娱乐只有围炉夜话。最辛苦的还是牧业劳作，起早贪黑，陪着羊群在寒风中漫步一天又一天。而一旦棕熊闯进他们的家里破坏财物，狼、雪豹叼走他们辛苦养大的牛羊，这又将导致他们蒙受巨大的损失。

那么，如何才能兼顾百姓的生活需求和野生动物的保护呢？近年来，政府通过制定政策，对牧民的损失进行补偿，并且建造了一些定居的村落以提高牧民的生活水平。这些举措有效地缓解了人与自然的矛盾。尽管目前这个矛盾尚未完全消除，但我相信，办法一定会有的。

中国最后的大型荒野不可以再失去了！

总不能说，北京只有六环外才能生态吧?

陈月龙

现在正是北京的早春野花肆意开放的时候,我不想错过这些美丽。虽然没有时间去公园,但在每天早上从家走到地铁的路上,我发现,最好看的春天还用去公园吗? 路边就可以有。

桃叶鸦葱。

大爷大妈已经把桃花、杏花、迎春花都占领了,我更愿意去看看那些开放在地面上的小野花,它们通常不用栽种,不用管理和维护,自在生长更能惊艳人们的双眼,只要你蹲下来去发现。

二月兰，春天必须是这个颜色的。

苦荬菜。

抱茎苦荬菜。

车前草，叶片贴在地上，开花很高调。

夏至草，只能活到夏至，所以要在早春赶紧开花。

紫花地丁。

从家走到地铁能看到几种野花？

这些地被的早春小野花多是一二年生的草本植物，它们要抢在乔木灌木还没长出叶子把阳光遮蔽之前开放，在春夏完成繁殖，散播种子。植株本身则在夏天销声匿迹，地面被其他在夏天生长的植物统治。到了秋天，感受到温差，早春植物的种子萌发、生根、长叶，通过光合作用，在入冬前积累足够的营养。冬天到来，地上部分枯萎，地下部分休眠，等待着早春开出最美丽的花。如此周而复始完成生命循环。

这本来是一个自然而美好的过程，然而我相信每个留意过这些野花的人都问过一个问题：开得正好的野花，为什么要被打掉？我家这边的野花就刚刚被园艺工人用割草机打掉。如果你对身边的野花有过持续的观察，你会发现，年复一年，野花虽然不太消失，但是容易减少。当然最糟糕的是有些地方已经找不到野花，比如那些总在更换草皮的草地。

不管是更换草皮还是用割草机打掉野花，都不是园艺工人的个人行为。根据2015年4月1日起实施的北京市质量技术监督局发布的《DB11T213—2014城镇绿地养护管理规范》，无论是公园还是公司的绿地，“无杂草”几乎是统一的要求，而前面提到的那些野花，毫无例外地都在杂草之列，其他任何非草皮、非园艺种植的植物，也都是杂草。令人不解的是，在北京追求着生物多样性的时候，绿地的管理标准怎么会是相反的呢？绿地上只有一种地被草本植物才是最好的，这和生物多样性完全背道而驰。

我同意很多区域出于形象、管理等各种考虑，应该庄严肃穆或者整整齐齐，但不太理解标准中对绿地的划分。尤其城市公园是城市中为数不多的自然环境，理应承载更多生态功能，甚至保留生态功能区，但如果在操作标准下被管理成“无杂草”的生态荒漠，是非常令人遗憾的。在生态北京的建设中，我们总不能说，北京只有六环以外才能生态吧？

我去年看到过新闻，一些城市公园会对一部分本土植物进行保留性管理，这是非常好的尝试。我认为在野生植物的生长过程中，生物多样性恢复的同时，也会给绿化管理带来新的问题，但在保护生物多样性的前提下管理绿地，不正是有关部门需要解决的问题么？

我继续走在上班的路上，快到地铁站的高架桥下，我本来以为这些不能盖房子的地方会成为喧嚣城市中留给野生动植物的净土，结果我发现除了道路旁边的两排侧柏保留，中间的次生林已经被推平，不知道准备如何建设。而这片次生林中，地势低洼处在夏天暴雨后形成的临时性水坑，正是本地北方狭口蛙的繁殖地。

对于迁移扩散能力很差的两栖动物来说，这有可能是灭顶之灾，也许排水沟下水道入口处的积水还有可能给这群可爱的青蛙留下生存的机会。我不反对为了生态更好而施工修复，但在开工之前也应该对本来的情况有所调查了解。

那片次生林如果以现有的标准来描述，它可能会被定义成荒地。那么，一片荒地需要被治理吗？在我们现在的社会发展阶段中，荒地已经不带有任何贬义，它甚至是宝贵的财富。

地铁开动，我看到轨道两边阳光中翠绿色的树林，一排排一列列整整齐齐，有限的树种按照种类排布，林下干干净净黄土裸露。在嗖嗖增长的森林覆盖率背后，这种空荡荡的“森林”在其中贡献巨大，我想只有喜鹊喜欢这里。希望有一天，它们可以成为真正喧闹的生态家园。

斑种草，蓝色小花，这是特写。

附地菜，跟斑种草同属紫草科，花更袖珍。

地黄，它是多年生的，所以花也更嚣张一些。

糙叶黄芪，一开一大片。

米口袋。

点地梅。

是时候重新认识农田了，它几乎滋养了全世界

陈月龙

在和顺县的腹地，保护豹子是我们在这里安营扎寨的根本原因。豹子就在我们身边，我们应该如何守护它们？

多精神的豹，还带着小豹子。

红外相机中的豹子看起来只只膘肥体壮精神抖擞，它们抓狍子、抓野猪如同探囊取物，根本不用我们操心，而真正能给它们带来威胁的是人。

工业化以来，人类变得越来越厉害了，改造自然的能力越来越强，一个人花几千块钱租个机器，几天的工夫就能从山脚到山顶开出一条路来，这对野生动物而言真是太恐怖了。

各式各样的人为干扰随时可能发生，做保护需要解决的是人的问题，有可能是外来人带来的，也有可能是当地人带来的。

有了基地，我们希望自己做当地人友好的邻居。基地附近有村子，村子里的人只要路过，都很容易发现我们画着豹子的醒目的集装箱。

“猫盟”位于山西和顺的工作基地。

我去15千米外的马坊乡小卖部买东西，一说我们是保护野生动物的，就有路人说知道我们房子上画了只老豹。

附近的村民更是经常来做客，他们也会问我们为什么要用麦麸刷碗，为什么洗了碗的水都不倒回小河里。谁说他们不会改变？至少人家已经看出了不同。洗碗用过的麦麸我们后来都送给了

附近村民去喂鸡喂牛，村民和他家的牛都挺高兴。

当地人认识我们。骑摩托车路过村子，会有村民招呼我停下，说知道我是保护野生动物的。她家的玉米地又进野猪了，让我跟她去看看。

我觉得这是好事儿，人家没先找个打猎的消灭野猪而是先寻求我们的帮助，我们当然愿意帮助，我就是干这个来的。

村民也说，你们保护豹子，豹子得吃野猪，然后野猪来祸害我们。但即便如此，村民有事还是找我们而不是跟野猪你死我活。我也不知道是我们的工作棒还是村民的态度棒，总之这事很棒。

野猪去吃玉米那是没有悬念的，咔嚓咔嚓吃得兴起，有时候连人去了都不知道，还得人大喊大叫把它们赶跑。不过农田里各种脚印让我眉头一皱，发现事情并不简单。

第二天，我就到农田里安装了红外相机，看看这里都有谁。

还有谁，是农田的常客？

不像平原地区望不到边的农田，这边的农田是从路边到山脚下的长条，农田就挨着山，豹都能活动到距离山下不到400米的地方，更别说其他野生动物了。

说到这里也得为野猪说句公道话，它们下山吃口玉米比我从家里下楼买个煎饼都近，它能不下来吗？红外相机就安装在农田靠山的那一侧，注视着下山的动物们。

过了大概20天去查看相机，比我想象的热闹多了——野猪必须有，兔子、雉鸡在情理之中；狗獾我之前就看到了脚印，红外相机也没有错过；比较意外的是豹猫的出现，在我们以往的认知中，豹猫的活动区域应该在山里，很少出来，现在看来那样的认知很可能是片面的。

虽然红外相机没有拍到狍子和赤狐，但实际上在我们夜巡的过程中，这两种是最容易见到的，它们在农田里活动是毫无疑问的。赤狐被发现后往往会回头看看我们，尔后不紧不慢地钻进玉米地。

村民偶尔会抱怨雉鸡和兔子吃掉了刚种下去的种子，但他们也明白这种小动物没什么大不了，也确实没有谁家的地会因为兔子或者野鸡就长不出东西。

只要度过了种子阶段这一点点困扰，剩余时候，雉鸡就带着孩子们成天在农田里溜达，管理着农田中的虫子。小鸡需要充足的蛋白质摄入，有肉吃它们就不吃素。整个夏天，雉鸡都以昆虫和土壤动物为主要食物。蝗灾临头时，几只雉鸡扭转不了局面，但它们的存在，实际上就是在抑制虫灾的发生。

野兔不会抱着坚硬没营养的玉米秆啃，农田中不断生长的杂草嫩芽才是它们的最爱。说实话宠物兔子的生活比起野兔那可是糟糕多了，毕竟野兔有很多种新鲜的天然植物可以享用。享用的同时，它们也控制着农田杂草的数量。

当然，不能抛开数量谈结果。农田里资源这么丰富，野兔和雉鸡太多了怎么办？完全没有必要担心，赤狐和豹猫来了。这两个家伙在农田里的出现控制着野兔、雉鸡和更多鼠类的活动，而又不会对农业生产带来任何影响，这是人们喜闻乐见的。

农田中的野兔。

农田中的狗獾。

相比之下狗獾就比较尴尬了。据村民描述，狗獾其实也吃不了几个玉米，但它们喜欢翻土豆地。虽然狗獾是去吃土豆地中的蛴螬的，但它们挖土找虫的时候会把土豆刨出来，它哪管什么土豆不土豆，它还觉得土豆妨碍它找虫子了呢。

我们对猪獾了解不多，在和顺的大部分区域，猪獾在农田中出现得不多，这可能跟它们对生境的选择有关。但我们的队员老张绘声绘色地描述过猪獾如何收集玉米回窝。虽然猪獾储存食物这件事我还无从考证，但老张对它动作的描述极其准确，养过那么长时间獾的我能立马听懂——入冬前它们往洞穴收集落叶的时候也会有同样的动作。

人见人爱的狍子也爱进农田

大型动物也会钻农田，雨后的夜晚狍子喜欢跑进田里，很可能吸引它们的同样是杂草的嫩芽。村民知道狍子不祸害庄稼，除非你家种了绿豆。夏天曾有一村民来找我们，说家里的绿豆地经常被狍子吃，当时李大锤去查看的，不光地里有狍子的脚印和粪便，田边甚至还有卧迹，看样子它吃饱了还在农田里睡了一觉。好在狍子吃得不多，糟糕的是它们只吃嫩芽，而绿豆结豆子就在嫩芽上，所以非常影响产量。

我们给了大姐一个会爆闪的防护灯，让她晚上试试效果。后来隔三岔五路过就问问情况，大姐说狍子再没来过。看来狍子还是谨慎敏感，防护措施对它们很有效。

到了秋天小豆收了，大姐跟我说灯不想还给我们了。我说："得，那您收好，明年再有狍子接着用。有问题找我们，别伤害野生动物就行。"大姐挺高兴的。

不过说到野猪就很难令人高兴了，它们确实给农田造成了不小的损失，但野猪存在于生态系统中也有着重要的价值——不仅是华北豹的猎物，还为其他小型动物开辟了更多的生存资源，甚至还管理着森林。

不可或缺又带来困扰才形成了矛盾。我们也在尝试各种防护办法，去年用了灯，效果还可以，今年也会更早开展防范，但想必野猪会更胆大，我们也得提前准备其他方案。

农田也是一种重要的生态系统

农田就像是被遗忘的一种野生动物栖息地，除了我们关注的兽类，还有更多小型动物、植物、微生物把它塑造成了一种重要的生态系统。

我们发现，在红外相机拍摄到华北豹频繁经过的地方，豹猫、獾之类的动物活动就会很少，而在那些豹不去的地方，这些小型兽类的活动则明显活跃起来。

我猜想，在成熟的森林生态系统中，这些小型兽类的主要活动区域就在林缘那些遍布杂草灌丛的区域。这里豹不爱来，又隐蔽，同时资源

出现在沟底的豹猫。

丰富，白天躲藏，到了晚上，上可以入森林，下可以进农田。农田已然成了它们非常重要的栖息地。

农耕时代以来，野生动物和人类早已因农田产生了密不可分的联系。农田除了是我们的，同时也是野生动物的。南方的水田更是生物多样性丰富，但工业化的发展也催生了生态不友好的耕种模式。

在吃饭问题已能被解决的今天，我们可以尝试寻找更友好生态的生产模式。为此，我们就要更加了解农田中的生态。今年夏天，我们的基地里也会耕作一块农田，当然可能会不同于传统农田，比如它可能不是方方正正的，也不是单一作物或者套种这么简单。作物选择也会考虑野生动物的需求、水土模式以及资源的循环利用等很多方式。我们希望能够通过更多的尝试，寻找友好生态的种植方法，甚至摸索保护的方式。

也许，
长耳鸮正在告别北京

宋大昭

人人都知道猫头鹰，但几乎没人了解它们。“夜猫子进宅，无事不来。”要不是电影《哈利·波特》，猫头鹰在中国恐怕依然是个不受欢迎的角色——那隐藏在暗夜中悄无声息的影子总是会与不祥、危险等词语联系在一起。

曾经的长耳鸮

2009年1月，那时候天坛的长耳鸮并不难看见。

我还很小的时候，就跟着科技馆的生物组老师去天坛公园找长耳鸮。当时，岳小鸮老师还很年轻，大学毕业没多久，以前就做天坛长耳鸮研究的她对这里非常熟悉。

那个冬天的早晨，我们很快来到了长耳鸮喜欢的栖息区域。我还清楚地记得当时同学们都猜我一定能最先找到长耳鸮，还特意嘱咐我，找到后要先告诉他们。之前老师已经在课上科普过长耳鸮——先在地上找唾余（食丸）比较靠谱，很快我就首先在草地上发现了食丸，当我如约指给同学们看之后，他们便兴高采烈地去找老师邀功了……当然，这不重要，长耳鸮就在树上很重要。

时间过了很多年，2014年的冬天，再和朋友去天坛附近，我突发奇想："欸？你见过猫头鹰吗？我带你看去，就在天坛。当时觉得这是一件特显手段的事。"

于是，我打电话问了个大概的位置就去天坛公园里找，地方好找，长耳鸮却没以前那么好找了——草地上干干净净，没食丸也没白色的粪便。我赶紧又问了几个观鸟的朋友，得到的净是这样一些回答："没有了吧？今年好像没来。""太少了，不过有人看到了。""不知道还在不在呢。"

我有点失落。这就像多年没见的老朋友一声不吭地搬家了，不知道还会不会回来。2015年的冬天我又去了，惦记去看一看老朋友回家了没。但它们还是没在家，看来真的搬走了，不知道现在过得好不好。

树上有4只长耳鸮，你看清楚了吗？

长耳鸮是什么样的猫头鹰

长耳鸮，学名*Asio otus*，是体形中等的耳鸮类，体长35—40厘米，体重200—435克，翼展90—100厘米。

我们在北京看到的长耳鸮和在英国、西班牙乃至北非的长耳鸮是同一亚种，这是一种适应力相当强的猫头鹰。

如果说纵纹腹小鸮是村里的，雕鸮是山里的，长耳鸮就是城里的。它和人的关系可以很近，常在城市、城郊、农田、墓地出现。

比如在北京，长耳鸮总体是冬候鸟。除了郊区，它们还会出现在天坛和国子监这样古老的城市公园中。究其原因，大概就是由于冬天阔叶乔木落叶之后长耳鸮会受到喜鹊的驱赶，所以只能选择像松、柏这类的针叶树木才能比较好地隐蔽自己。而针叶树生长缓慢，所有拥有高龄针叶树的古老公园便成了它们的栖息地，虽然这样的公园并不多。

而在更古老的北京，胡同里低矮的民房辅以大树的旧时岁月，长耳鸮就栖息在大树的横枝上。它们昼伏夜出，白天在树上睡觉，夜幕深沉，人们熟睡之际，它们就伸展双翼无声地捕捉城里的老鼠。

在一些安静的夜里，繁殖期的雄性长耳鸮低频的鸣叫能传出去一两千米。它们还是有格调的歌手，更偏爱在清亮的月夜鸣唱。

长耳鸮萌点很多。飞行时的它，长长的耳簇会自动隐身，只剩圆圆的脑袋，修长的身体；看到人，耳簇会立得笔直，可是你若是再靠近，它的眼睛就会往小了眯，耳簇放平，时刻准备逃走。

它们是一夫一妻制，有领地意识，却也会群居——繁殖期时，每对夫妻一个巢，巢与巢之间间隔50—150米，食物充足时，100平方千米内可以同时容纳10来对。在大猫观测的地方，两三亩地就同时栖居了至少12只，绝对是社群意识最强、适应力超强的猫头鹰。

尽管如此，它们筑巢却不太精细。有的巢很小，小得如果你在树下往上看，长耳鸮的头和尾巴甚至还暴露在外。小长耳鸮出壳25天左右就会

夜间的长耳鸮眼神犀利，和白天那种眯着眼无精打采的状态截然不同。

出巢，不会飞的它们却特别擅长在树和灌丛上攀爬，当然，它们也经常会摔到地上，再晃晃悠悠地爬上去。35天后就能跟着爹妈一起飞，每夜鸣唱，父母也会轻轻地唱和。

在野外，它们的寿命一般能到11—15岁，特别特别天赋异禀的还有活到27—28岁的呢！

长耳鸮的“逃亡”

根据“自然之友”野鸟会对天坛公园2003—2013年的鸟类调查结果显示，2003—2007年，天坛公园的长耳鸮种群数量变化不大，但从2008年开始，每年都在减少，栖息范围也在不断缩小。

根据2007年对天坛公园猫头鹰食丸的分析：蝙蝠在当年已经超过了鼠类，成为长耳鸮最主要的食物。这显然是因为传统食物的减少导致长耳鸮不得不取食其他食物。这毕竟是无奈之举，而长耳鸮的种群数量最终还是下降了。

只能推测，灭鼠活动和老城区的改造导致了老鼠减少，同时人类文

放松状态的长耳鸮。

娱活动范围的不断扩大，最终导致长耳鸮离开原本的栖息地。

城市里没有了长耳鸮栖息的地方，城市之外，那些长耳鸮曾经年年栖居的荒地也在消失。

一个多月前，大猫还有一个在冬天观察长耳鸮的自留地，那是一片不起眼的油松林，颜色暗沉、枝杈很密，但这儿住着一群长耳鸮。它们白天在树林中睡觉，日落便四散觅食。树上有鸟粪，地上有食丸，还有斑鸠被就地解决的残迹……

他早晨6点跑到那里，等着长耳鸮结束一夜的捕食回到树枝上停歇，再趴在草丛中匍匐前进接近长耳鸮，架好相机拍几张真正的好照片再悄悄撤退。长耳鸮可能并没有注意有人来过，大猫倒是感冒了。这块自留地没什么人知道，问及“现在长耳鸮还在吗？”“不在了，因为周围的树都被砍了。”大猫带着无奈说。

树没了，郊区的长耳鸮也没有地方栖息了

不仅如此，拍鸟的热潮下也潜藏了许多不文明的拍鸟行为。

对一些拍鸟人来说，长耳鸮是特能长脸的鸟种。他们为了拍到一张清晰的照片，不惜过度接近甚至刺激长耳鸮。白天的猫头鹰本应沉睡休息，却被惊吓到应激逃跑。昼伏夜出的它们在白天无法远距离飞行，只能不停地落到不远的地方，拍鸟人如果这么追下去，就是长耳鸮的末日了。你就想你要睡觉的时候老有人没完没了地招惹你，让你起来跑，你受得了吗？

不仅城市中的公园如此，一些有点名气的鸟点也会惨遭毒手。亦庄湿地的松林原也是长耳鸮每年必停的地方，那里松林青翠，湿地水足，每年都会落十来只。听起来是美满的故事，但问大猫现在呢？他说：“那里已经没有长耳鸮了，被拍鸟人追没了。”

不文明的拍鸟行为会使长耳鸮的生存雪上加霜，所以请文明拍鸟，谢谢！

结语

长耳鸮，这种早已习惯与人为邻的猫头鹰如今正静悄悄地离开北京。城市在扩大，被水泥覆盖的土地失去了那些供长耳鸮栖身的大树，城市中千篇一律的绿化带里也容不下足够多的老鼠和鸟类。长耳鸮的离去，看上去似乎是"人进动物退"的必然规律，然而，假如城市的发展能够更多地考虑生态平衡，或许有朝一日长耳鸮还会回来。

长耳鸮离开的最根本原因还是栖息地的恶化乃至消亡。

后　记

“荒野的呼唤”丛书终于与大家见面了。这套书是“猫盟”多年心血的集结，非常感谢上海科技教育出版社给了这套丛书一个付梓的机会。

“荒野的呼唤”丛书能够在今年出版，也有其特别的原因。

2020年是一个不平凡的年份，在新冠疫情肆虐的大背景下，这一年里大家经历了太多的磨难和波折，也收获了无限的难忘与感动。也正是在这个时候，一直被忽视的野生动物们重新回到了我们的视野。

新的世纪、新的时期，我们在平原建起高耸入云的摩天大楼，我们把河岸开垦成鳞次栉比的工业厂房，我们用空前的势头加速发展……可是我们好像已经在不知不觉中忘记人类也是自然的一分子，直到它用非常规的方式提醒我们。于是我们开始反思：对于野生动物和自然，我们到底关注过多少呢？

“荒野的呼唤”丛书解答了这一问题。

一讲到动物，大家可能都会想到动物园，那里面什么都有，常见的如老虎、狮子、熊、孔雀，近年来新奇一些的是斑马、长颈鹿、鸸鹋、羊驼之类。对大多数人来讲，动物园是最可能接触到动物的地方。

可是，用这些动物来代表野生动物其实是远远不够的。先不说动物园是否靠谱，即便是饲养条件优越，这些圈养条件下的动物们能展示出多少天性，仍然是个未知数。例如大熊猫，我们都知道它是国宝，一般人看到的是，它们在繁育中心过着卖萌撒娇抱大腿的日子。然而在野外条件下，大熊猫其实是非常坚强刚健甚至凶猛的动物，完全无愧于它"能舐食铜铁及竹骨"的"食铁兽"之名。

所以，我们想通过"荒野的呼唤"，告诉大家真实的野生动物和野生动物保护是什么模样。这套丛书不只是关于野生动物本身的科普，还是有关野生动物救助、监测、栖息地保护以及社区宣传等工作的科普，这些工作都是众多野生动物保护人士一直坚持在做的。这些人包括：

"猫盟"创始人宋大昭，对野生动物和自然的观察是如此之细致，置身野外，他都能感受到自然赋予他的回应与力量。

"猫盟"CEO巧巧，本是杂志编辑的她，自从跟随着先行者们上山寻豹后，便对华北的山林魂牵梦萦。面对这片神秘而广阔的天地，她用温柔的笔墨诉说那些野生精灵的故事。

曾在北京市野生动物救护中心和"猫盟"工作过的陈月龙，喜欢世界上所有的动物，并对动物注入了他最深的爱。每当他呕心沥血地救治着那些可怜的受伤动物时，眼神中都流露出慈母般的关爱。因而在他的文字中，一面是对现存原始森林报以无穷敬意，另一面则是对北京等城市周边的生态恢复报以无限期望。

"猫盟"志愿者阿飞、猫折腾、欧阳凯等，走遍华北的山地，探访周边的村落，只为获得更多关于豹、豹猫、水鸟以及它们家园的信息。

还有专注于一线科研的李晟、刘大牛、顾伯健等研究者们，通过他们的潜心研究，我们才能了解到关于野生动物的最新进展，为野生动物保护构建更为光明的前景。

从事野生动物保护的经历告诉我们，山林、土地、野生动物与人的交互是多么密切和频繁。因此，在“荒野的呼唤”丛书中，我们讲述野生动物的故事，挖掘自然里的秘密，探讨人类对自然的改造，思考人们与土地的关联……我们希望能有更多的朋友去关注野生动物，以及关注在背后持续保护着它们的人——唯有了解，方能热爱。这也是丛书最想呈现的理念。

“猫盟”对野生动物的关注始于对野生猫科动物的热爱。早在2008年，“猫盟”创始人宋大昭、蒋进原、万绍平等作为志愿者加入山西三北猫科动物研究所，投入“寻找华北豹”活动。

刚接触“猫盟”的人可能会产生这样的疑问：为什么选择华北豹？为什么要保护猫科动物？我们的答案是：猫科动物是世界上最可爱的动物。而且，猫科动物处于自然界食物链的顶端，它们的种群生存状态，是衡量当地生态系统是否健康、食物链是否完整的重要指标。保护好猫科动物，对自然界有着重大的生态意义。

因此在2013年，为了更专业、更科学地进行调查保护工作，“猫盟”正式成立，开启了科学调查和保护生涯。大家沿着这条路默默前行，守护华北豹，守护中国12种野生猫科动物，守护中国最后的荒野。

此外，“猫盟”也在许多地区进行社区保护。恰恰是在保护工作中，我们发现，关注野生动物，是保护最重要的环节。

所以，这又回溯到最初的那个问题：为什么我们看到动物，往往只能想到动物园？这是因为长期以来缺乏对自然和野生动物的关注，让我们不自觉地忽略了那些依旧生活在荒野中的生命。

随着科技的发展，人们的生活好像越来越好了，我们拥有了前人从未经历过的美妙生活。可是，人们的幸福指数真的增加了吗？我们在变好吗?

21世纪,华南虎野外灭绝,国内的斑鳖仅剩一只,中华穿山甲濒临灭绝……我们看着物种逐渐消失、山林被毁、生态质量下降……对于每一个关爱着野生动物、牵挂着大自然的人来说,现实太揪心了。如何在经济发展、基础设施建设提升的同时,为野生动物留下足够的发展空间?我们为此担忧。

好在随着“绿水青山就是金山银山”理念的深入人心,越来越多的人意识到生态保护与经济发展是可以兼顾与平衡的。

2016年,“猫盟”公众号诞生了。起初的想法很简单,我们需要一个平台抒发情感,叙写对大自然的爱。而写着写着我们发现,我们的文章引起了一部分自然爱好者、保护者的共鸣。随着粉丝数量的不断增加,我们意识到,仍然有那么多的人怀揣希望,向往着大自然的美好。

对于“猫盟”,也有人质疑:你们的力量太弱了,你们的声音太小了,你们做的事不过是蚍蜉撼树罢了。的确,“猫盟”的力量还很微弱,然而,正是为了让更多人了解、让更多人思考,我们必须尽自己的绵薄之力。“猫盟”要让大家知道:我们没有沉默,我们没有选择视而不见,我们在坚持自己的路,我们依旧不断前行!在前行的路上,我们还结交到一批一直在为这片荒原努力着的人们,大家的目标一致:为了守护大自然。

走的路越远,我们越意识到该说点什么,做点什么。荒野的呼唤,就是我们灵魂的呼唤。

期待这套丛书能增加你对野生动物的认识、对自然的理解,更期待你在合上书页之后,对窗外的大自然投去一丝温暖和善的目光。

“猫盟”龙珍平
2020年12月

感谢“猫盟”的工作人员和志愿者为本书提供大量野外摄影照片。此外，还要感谢下列图片的提供者：
P16©Tomas Najer; P17©Nagarhole; P30—37，78—82©PKU Wildlife; P39下图©Johan Embréus；P50下图©红树林基金会；P95©OTFW, Berlin；P120©Harsh.kabra.98；P121下图©Linda Tanner；P123©Caelio

责任编辑 郑丁葳
装帧设计 李梦雪 杨静

荒野的呼唤
来！聆听大自然的呼唤
宋大昭 黄巧雯 主编

出版发行 上海科技教育出版社有限公司
（上海市柳州路218号 邮政编码200235）
网 址 www.sste.com www.ewen.co
经 销 各地新华书店
印 刷 上海中华印刷有限公司
开 本 720×1000 1/16
印 张 12
版 次 2020年12月第1版
印 次 2020年12月第1次印刷
书 号 ISBN 978-7-5428-7395-8/N·1109
定 价 68.00元